七彩数学

姜伯驹　主编

Q I C A I S H U X U E

通信纠错中的数学

冯克勤□著

科学出版社

北京

内 容 简 介

在数字通信中如何纠正在传输中出现的错误，是保证通信可靠的重要问题. 自 1960 年以来，人们采用了许多数学工具，构作性能良好的纠错码，并且有效地运用在通信中. 本书主要介绍纠错的基本数学问题，如何用组合学、有限域和简单的线性代数知识，构作性能良好的纠错码，使读者认识到这些数学知识能有效地运用到实际当中.

本书的读者对象是高中教师和学生、信息专业的大学生，以及从事信息事业的技术人员和数学爱好者.

图书在版编目(CIP)数据

通信纠错中的数学/冯克勤著.—北京：科学出版社，2009
(七彩数学/姜伯驹主编)
ISBN 978-7-03-023518-3

Ⅰ.通…　Ⅱ.冯…　Ⅲ.数学-普及读物　Ⅳ.O1-49

中国版本图书馆 CIP 数据核字(2009)第 185770 号

责任编辑：陈玉琢/责任校对：鲁　素
责任印制：吴兆东/封面设计：王　浩

科学出版社 出版
北京东黄城根北街 16 号
邮政编码：100717
http://www.sciencep.com
北京凌奇印刷有限责任公司印刷
科学出版社发行　各地新华书店经销
*
2009 年 1 月第 一 版　开本：A5(890×1240)
2024 年 6 月第六次印刷　印张：5 7/8
字数：85 000
定价：48.00 元

丛书序言

2002 年 8 月,我国数学界在北京成功地举办了第 24 届国际数学家大会,这是第一次在一个发展中国家举办这样的大会. 为了迎接大会的召开,北京数学会举办了多场科普性的学术报告会,希望让更多的人了解数学的价值与意义. 现在由科学出版社出版的这套小丛书就是由当时的一部分报告补充、改写而成的.

数学是一门基础科学. 它是描述大自然与社会规律的语言,是科学与技术的基础,也是推动科学技术发展的重要力量. 遗憾的是,人们往往只看到技术发展的种种现象,并享受由此带来的各种成果,而忽略了其背后支撑这些发展与成果的基础科学. 美国前总统的一位科学顾问说过:“很少有人认识到,当前被如此广泛称颂的高科技,本质上是数学技术.”

在我国,在不少人的心目中,数学是研究古老难题的学科,数学只是为了应试才要学的一门学科. 造成这种错误印象的原因有很多. 除了数学本身比较抽象,不易为公众所了解之外,还有学校教学中不适当的方式与要求、媒体不恰当的报道等.但是,从数学家自身来检查,工作也有欠缺,没有到位.向社会公众广泛传播与正确解释数学的价值,使社会公众对数学有更多的了解,是义不容辞的责任.因为数学的文化生命的位置,不是积累在库藏的书架上,而应是闪烁在人们的心灵里.

20世纪下半叶以来,数学科学像其他科学技术一样迅速发展.数学本身的发展以及它在其他科学技术的应用,可谓日新月异,精彩纷呈.然而许多鲜活的题材来不及写成教材,或者挤不进短缺的课时.在这种情况下,以讲座和小册子的形式,面向中学生与大学生,用通俗浅显的语言,介绍当代数学中七彩的话题,无疑将会使青年受益.这就是这套丛书的初衷.

这套丛书还会继续出版新书,诚恳地邀请数学界同行们参与,欢迎有合适题材的同志踊跃投稿.这不单是传播数学知识,也是和年轻人分享自己的体会和激动.当然,由于水平所限,未必能完全达到预期的目标,丛书中的不当之处,也欢迎大家批评指正.

姜伯驹

2007年3月

前　　言

拉格朗日认为，一个数学家，只有当他能够走出去，对他在街上碰到的第一个人清楚地解释自己的工作时，他才完全理解了自己的工作.

——贝尔(E. T. Bell)〈数学大师〉

本书向大家介绍数字通信中如何发现和纠正在传输中信息发生错误的故事. 这个故事有五十余年的历史，至今还在继续. 我们试图向读者展示数学在通信纠错方面所起的重要作用.

20 世纪 50 年代以来，数字计算机和数字通信得到极大的发展. 今天，人们从每个层面上都能感受到计算机和通信的数字化这种进步所产生的广泛而深刻的影响. 除了技术进步之外，这种发展也得益于新的数学思想和工具的运用. 连续性的(三角函数)信号变成离散性的脉冲数字信号，使得数学工具从连续性数学(傅里叶分析和拉普拉斯变换)一下子扩展到离散性数学(组合学、数论和代数). 数字通信中提出许多具有重要应用背景的数学问题,也促进了离散性数学自身的发展,使过去不登大雅之堂的组合数学、被高斯称为“数学皇后”的过于高雅的数论以及抽象深奥的代数学走向应用,为这些学科注入了新的活力. 本书主要介绍组合学、初等数论和线性代数的基本知识,如何用来解决通信中的纠错问题. 事实上,相当高深的近代数论、代数与代数几何的研究结果对于信息领域有多方面的重大应用,有些可以说是促使通信体制发生了革命性的变化(如纠错理论中的代数几何码和信息安全方面的公开密钥体制),但是在这本通俗性读物中,只限于运用初等数论和线性代数中最基本的知识.

我们希望通过这本书,使读者感受到数学是活生生的有用的知识,感受到数学工具和数学思考方式对应用领域的重要作用,并且能够在各种工作中有意识地采用数学工具和思考方式,从而终生与数学为伴并喜欢它.

冯克勤

2006年夏于清华大学

目　　录

1 什么是纠错码?

数学家就像法国人一样,无论你对他们讲什么,他们都把它翻译成自己的语言,并且立刻成为一些全新的东西.

——歌德(Goethe)

f 是本章介绍通信的最一般化的数学模型以及纠错的数学描述. 先给出纠错的通俗例子以说明纠错的原理. 然后抽象出纠错码的 3 个基本参数:码长 n,信息位数 k 和最小距离 d. 讲述纠错码理论最基本的两个问题:构造性质好的纠错码和构造好的纠错译码算法. 用进一步的例子表明:构造好码和好的译码算法都是很有学问的,需要利用组合学,数论和代数学等方面的数学工具.

1.1 通信和纠错:数学模型

现代人们在生活中的通信方式是多种多样的,如打电话、传送电子邮件以及宇宙飞船将金星图片传回地球等. 虽然它们的形式不同,但是它们的数学模型可以表示成以下最简单的形式:

$$\boxed{\text{发方}} \xrightarrow{x} \cdots\text{信道}\cdots \xrightarrow{x} \boxed{\text{收方}}$$

发方把信息 x 通过信道传给收方. 在有线电话系统中,电话线就是传输信息的信道. 在唐诗"烽火连三月,家书抵万金"中,烽火台燃起的烽火和邮差(驿站)分别是传递敌人入侵消息和寄送家书的信道.

要发送的信息也可以有不同的形式(声音、文字、图像、数据……). 在近几十年所发展的数字通信中,各种信息都用物理手段编成离散的脉冲信号发出,而脉冲信号只有有限多个状态. 于是,数论便派上了用场.

早在 18 世纪,大数学家欧拉在研究整数性质的过程中发明了"同余"的概念. 后来,另一个大数学家高斯发明了同余式符号，一直沿用至今. 设 m 是正整数. 两个整数 a 和 b 叫做**模 m 同余**，是指 m 整除 $a-b$，即$\frac{a-b}{m}$是整数. 这表示成如下同余式的形式：

$$a \equiv b(\bmod m).$$

在初等数论中，如果非零整数 a 整除 b，则表示成 $a|b$. 若 a 不能整除 b，则表示成 $a \nmid b$. 于是 $a \equiv b(\bmod m)$ 当且仅当 $m|(a-b)$，而这也相当于 $a=b+ml$，其中 l 是整数.

同余式有像等式一样的类似性质，并且也可以像等式那样作加减乘法：

(1) $a \equiv a(\bmod m)$；

(2) 若 $a \equiv b(\bmod m)$，则 $b \equiv a(\bmod m)$；

(3) 若 $a \equiv b(\bmod m)$，$b \equiv c(\bmod m)$，则 $a \equiv c(\bmod m)$；

(4) 若 $a \equiv b(\bmod m)$，$c \equiv d(\bmod m)$，则

$$a+c \equiv b+d(\bmod m),$$
$$a-c \equiv b-d(\bmod m),$$
$$ac \equiv bd(\bmod m).$$

但是对于同余式作除法时要小心. 例如，$2 \equiv 6(\bmod 4)$，但是两边不能除以 2，因为 $1 \not\equiv 3(\bmod 4)$，这里 $a \not\equiv b(\bmod m)$ 表示 a 和 b 模 m

不同余,即$m \nmid (a-b)$. 事实上,同余式除法有以下结果:

(5) 若 $ad \equiv bd \pmod{m}$ 并且 d 和 m 互素(即 d 和 m 的最大公因子为 1),则 $a \equiv b \pmod{m}$.

对一个固定的正整数 m,如果把模 m 与 a 同余的所有整数放在一起,叫做模 m 的一个同余类,表示成 $\bar{a}$. 由于每个整数模 m 必同余于 $0,1,\cdots,m-1$ 当中的一个,所以模 m 共有 m 个同余类 $\bar{0},\bar{1},\cdots,\overline{m-1}$, 它们形成的 m 元集合表示成 Z_m. 于是对两个整数 a 和 b, $\bar{a}=\bar{b}$ 当且仅当 $a \equiv b \pmod{m}$. 可以在 m 元集合 Z_m 中自然地定义加减乘运算:对于整数 a,b,

$$\bar{a}+\bar{b}=\overline{a+b},\quad \bar{a}-\bar{b}=\overline{a-b},\quad \bar{a}\cdot\bar{b}=\overline{ab},$$

那么前面的性质(4)相当于

(4′) 在 Z_m 中,若 $\bar{a}=\bar{b}$, $\bar{c}=\bar{d}$,则

$$\bar{a}+\bar{c}=\bar{b}+\bar{d},\quad \bar{a}-\bar{c}=\bar{b}-\bar{d},$$
$$\bar{a}\cdot\bar{c}=\bar{b}\cdot\bar{d}.$$

类似可知,同余类的加法和乘法运算还满足交换律、结合律与分配律. 这样的集合在数学中叫做(交换)**环**,于是 Z_m 叫做**模 m 同余类环**.

性质(5)可以表述如下:

(5′) 在 Z_m 中,若 $\bar{a}\cdot\bar{d}=\bar{b}\cdot\bar{d}$ 并且 d 和 m

互素，则$\bar{a}=\bar{b}$，即等式两边可以消去$\bar{d}$(作除法).

前面的例子取$m=4$，$2\equiv 6 \pmod 4$可以表示成$\bar{1}\cdot\bar{2}=\bar{3}\cdot\bar{2}$，不能消去$\bar{2}$而得到$\bar{1}=\bar{3}$，因为2和4不互素. 但是若$m$是一个素数$p$，$\bar{a}\cdot\bar{d}=\bar{b}\cdot\bar{d}$并且$\bar{d}\neq\bar{0}$，这表明$d$不被$p$整除. 由于$p$是素数，$d$必然与$p$互素. 于是可得到$\bar{a}=\bar{b}$. 这表明，在$Z_p$中，每个不为$\bar{0}$的元素$\bar{d}$都可以作为除数. 换句话说，在$Z_p$中可以像有理数全体、实数全体或者复数全体那样进行加减乘除四则运算，只有零($\bar{0}$)不能作除数. 这样的集合在数学中叫做一个域(field). 于是对每个素数p都有一个p个元素的有限域$Z_p=\{\bar{0},\bar{1},\cdots,\overline{p-1}\}$，今后把它改记成$F_p$. 例如，对于$p=3$，表1.1.1与表1.1.2是域$F_3=\{\bar{0},\bar{1},\bar{2}\}$中的加法和乘法运算表.

下面是F_3中运算的例子：

$$\bar{2}+\bar{2}=\bar{4}=\bar{1}, \qquad \bar{1}-\bar{2}=\overline{-1}=\bar{2},$$

$$\bar{2}\cdot\bar{2}=\bar{4}=\bar{1},$$

$$\frac{\bar{1}}{\bar{2}}=\frac{\overline{1+3}}{\bar{2}}=\frac{\bar{4}}{\bar{2}}=\bar{2}.$$

由于有限域F_p中可以进行四则运算，通常把通信中的信息用F_p中的p个元素来表示.

表 1.1.1

加法	$\bar{0}$	$\bar{1}$	$\bar{2}$
$\bar{0}$	$\bar{0}$	$\bar{1}$	$\bar{2}$
$\bar{1}$	$\bar{1}$	$\bar{2}$	$\bar{0}$
$\bar{2}$	$\bar{2}$	$\bar{0}$	$\bar{1}$

表 1.1.2

乘法	$\bar{0}$	$\bar{1}$	$\bar{2}$
$\bar{0}$	$\bar{0}$	$\bar{0}$	$\bar{0}$
$\bar{1}$	$\bar{0}$	$\bar{1}$	$\bar{2}$
$\bar{2}$	$\bar{0}$	$\bar{2}$	$\bar{1}$

为了书写方便,在给定素数 p 之后,把 F_p 中元素 $\bar{a}$ 简记成 a. 于是在 F_3 中,$-1=2$,$2\cdot 2=1$. 事实上,通信中使用最多的是二元域 $F_2=\{0,1\}$. 这是最简单的域,运算为:

$$1+0=0+1=1,\quad 0+0=1+1=0,$$

$$1\cdot 0=0\cdot 1=0\cdot 0=0,\quad 1\cdot 1=1.$$

现在假设要传递 8 个信息{赵,钱,孙,李,周,吴,郑,王}. 如果每位数字取自二元域 F_2 中的 0 或 1,可以用长为 3 的 8 个向量来表示它们:

赵 = (000), 钱 = (100), 孙 = (010),

李 = (110), 周 = (001), 吴 = (101),

郑 = (011), 王 = (111).

设想把"钱=(100)"传出,如果信道中出错,如第二位的 0 变成 1,收方收到了(110). 这时收方对于出错毫无所知,因为收方可认为没有出错,即发来的是(110)=李,也有可能是第 1 位出错，即发来的是(010)＝孙，如此等等．总之，这种传输方式完全没有检查和纠正错误的能力．其主要原因是收方收到的任何向量$(a_1a_2a_3)$都是有意义的，从而收方没有任何判别能力．

如何设计有检查和纠正错误能力的通信系统？先举两个例子．

例 1.1.1(奇偶校验码)　前面把“赵、钱、孙、李、周、吴、郑、王”8 个信息编成 3 位的向量．现在把每个向量后面增加 1 位，变成 4 位的向量，使得其中 1 的个数是偶数．例如，“钱”为(100)，后面加上 1 成为(1001)，而“李”为(110)，后面加上 0 成为(1100)．这样一来，8 个姓分别重新编成(这叫纠错编码)：

赵 ＝ (0000)，　钱 ＝ (1001)，　孙 ＝ (0101)，
李 ＝ (1100)，　周 ＝ (0011)，　吴 ＝ (1010)，
郑 ＝ (0110)，　王 ＝ (1111)．

于是，长为 4 的二元向量共有 $2^4=16$ 个，其中，1 的个数为偶数的向量占一半，是有意义的信息，而另一半(即 1 的个数为奇数的 8 个向量(1000)，(0100)，…，(0111))是没有意义的，不代表任何信息．

现在如果有 1 位发生错误，如李＝(1100)的第 2 位出错，则收方得到(1100)＋(0100)＝

(1000),其中,1 的个数为奇数,它没有意义,于是收方可以断定信道发生了错误. 所以这种编码方式可以检查任何一位出错. 但是收方并不能判定错在哪一位,因为赵=(0000)的第 1 位出错也可以收到(1000). 所以收方不能纠正任何 1 位的错误. 类似地可以看出,对于这种编码方式,收方不能检查 2 位出错,如赵=(0000)和钱=(1001)只有首末两位不同,赵=(0000)的首末两位出错就错成钱=(1001).

例 1.1.2(重复码) 将表示 8 个姓的 3 位向量都重复 3 次,即进行一次纠错编码,成为:

赵 = (000000000), 钱 = (100100100),
孙 = (010010010), 李 = (110110110),
周 = (001001001), 吴 = (101101101),
郑 = (011011011), 王 = (111111111).

这就好像是军舰上旗手打旗语时重复 3 次,或者电话中有杂音时,每句话都重复说 3 次. 这时,每个姓的编码都是相同的 3 段(每段 3 位). 对于不同的姓,在一段中至少有 1 位不同,所以 3 段中至少有 3 位不同. 也就是说,不同姓的 9 位向量中,至少有 3 位不同,所以若一个姓(如钱=(100100100))的9 位中有 1 位或 2 位出错(如前两位出错,收到(010100100)),收到向量不会是有意义的，从而收方发现出错．这表明，这种编码方式可以检查出 1 位或 2 位错误．但是出 3 位错误则不一定能检查出来，如钱＝(100100100)出 3 位错可能变成赵＝(000000000)．进而，这种编码方式可以纠正 1 位错误．例如，钱＝(100100100)只有 1 位错，收到(000100100)(第 1 位出错)，那么它一定有两段一样，而第 1 段 000 的第 1 位是错的．这就表明，这种编码方式可以纠正 1 位错误．但是收方不能纠正 2 位错误，如若钱＝(100100100)错两位成为(000000100)，收方无法判定发出的信息为“钱”，因为它也可能是赵＝(000000000)发生 1 位错误．

长为 9 的二元向量共有 $2^9=512$ 个，只有 8 个向量是有意义的，剩下 504 个向量没有意义．本来传 8 个信息，每个信息只用 3 位即可．现在为了有纠错能力，将它们重新进行纠错编码，每个信息要用 9 位．这样一来，传一个信息所花的时间为原来的 3 倍，即效率是原来的 $\frac{3}{9}=\frac{1}{3}$．所以是牺牲了效率而得到了通信的纠错能力．在例 1.1.1 中，长为 3 的向量为了纠错重新编成长为 4 的向量．效率 $\frac{3}{4}$ 比例 1.1.2 中的 $\frac{1}{3}$ 损失要小,但是例 1.1.1 只能检查 1 位错,完全不能纠错,所以纠错性能不如例 1.1.2.

从以上例子可以看出,为了使通信系统有纠错能力,需要把原始信息重新进行纠错编码,将向量拉长,从而有许多向量不代表任何信息. 在接收端要有设备,能够把出错后收到的向量纠正成正确的信息,发现错误并找出错误,恢复成正确的信息. 这一步叫做纠错译码. 在增加了纠错编码和纠错译码步骤之后,一个有纠错能力的通信系统可以表示成如下的数学模型:

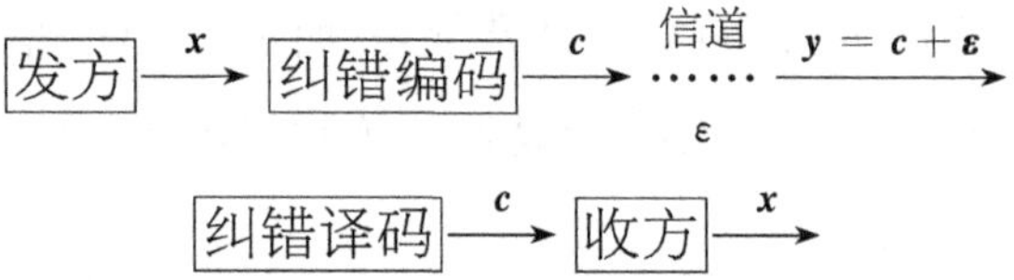

$$\boxed{发方} \xrightarrow{\ x\ } \boxed{纠错编码} \xrightarrow{\ c\ } \overset{信道}{\underset{\varepsilon}{\cdots\cdots}} \xrightarrow{\ y=c+\varepsilon\ }$$

$$\boxed{纠错译码} \xrightarrow{\ c\ } \boxed{收方} \xrightarrow{\ x\ }$$

它的工作方式为发方将原始信息 x(长为 k 的向量)编成码字 c(长为 n 的向量,$n>k$)传给收方. 在传送过程中发生错误 ε(长为 n 的向量),所以收到 $y=c+\varepsilon$. 收方进行纠错译码,求出错误 ε,然后恢复出正确码字 $c=y-\varepsilon$,再得到原始信息 x.

例如,在例 1.1.2 中,每个原始信息 $x=(a_1a_2a_3)$ 经过纠错编码编成 $c=(a_1a_2a_3 a_1a_2a_3a_1a_2a_3)$,如果传输中只有 1 位错,即错误向量 ε 的 9 位中只有 1 位是 1,其余 8 位均是 0,

知可以纠正错误. 纠错译码为将收方的 $\boldsymbol{y}=\boldsymbol{c}+\boldsymbol{\varepsilon}$ 分成 3 段(每段 3 位),必有两段相同,而另一段与它们相差 1 位. 把这一段的错位改过来即可.

如何进行纠错编码,使得通信系统具有好的纠错能力? 这是纠错理论第一个重要的问题. 本节对纠错问题以例子作了直观的介绍. 像通常那样,一个实际的科学和技术问题需要用数学加以确切地描述,从而看出问题的数学本质. 在下节就介绍纠错码的基本数学概念和基本数学问题.

习　题　1.1

1. 假设每个信息位取值于 $F_7=\{0,1,2,3,4,5,6\}$. 将 7 个信息分别编成(00000),(11111),…,(66666). 试问这个纠错码最多可以检查出几位错误,最多可以纠正几位错误?

2. 能否将 4 个信息中的每个均编成长为 5 的二元码字($a_1a_2a_3a_4a_5$)(每个 a_i 为 0 或 1),使得可以纠正 1 位或 2 位错误?

3. 从以上两个习题能否看出:要想纠正 3 位错误,编出的码字应当具备什么性质?

1.2 纠错码基本概念和主要数学问题

通过 1.1 节对纠错进行的直观描述,现在给出纠错码的确切数学定义.

设 F_p 是 p 元有限域. 所有元素属于 F_p 的长为 n 的向量 $\boldsymbol{v}=(v_1,\cdots,v_n)(v_i\in F_p)$ 组成的集合表示成 F_p^n,叫做 F_p 上的 n 维向量空间. 由于向量共有 n 个分量 $v_i(1\leqslant i\leqslant n)$,每个分量 v_i 均可取 F_p 中 p 个元素中的任何一个,所以 F_p^n 中共有 p^n 个向量.

定义 1.2.1 向量空间 F_p^n 中的任何非空子集 C 都叫做一个 p 元纠错码,其中 n 叫做码长,C 中向量叫做码字,C 中码字个数 $|C|$ 表示成 K,而 $k=\log_p K$ 叫做纠错码 C 的信息位数.

如果不考虑纠错,C 中码字表示的 K 个信息在 F_p 上用 $k=\log_p K$ 位即可,现在由于要纠错,采用了 n 位向量. 由于 $1\leqslant K=|C|\leqslant|F_p^n|=p^n$,可知 $0\leqslant k=\log_p K\leqslant\log_p p^n=n$. 比值 k/n 叫做纠错码 C 的信息率或效率.

码长 n 和信息位数 k(或用 K)是纠错码的

两个基本参数. 还应当有一个重要的参数来反映纠错能力. 从 1.1 节看到,一个纠错码有好的纠错能力,是要求不同码字都有很多的位是不一样的. 对于 F_p^n 中任意两个不同的向量 $\boldsymbol{a}=(a_1,\cdots,a_n)$ 和 $\boldsymbol{b}=(b_1,\cdots,b_n)$. 如果 $a_i\neq b_i$,称 i 是它们的相异位. 所以,要求不同码字都有很多的相异位. 这就给出如下的概念:

定义 1.2.2 设 $\boldsymbol{a}=(a_1,\cdots,a_n)$ 和 $\boldsymbol{b}=(b_1,\cdots,b_n)$ 为 F_p^n 中两个向量. 定义 $\boldsymbol{a}$ 的汉明(Hamming)重量 $w_H(\boldsymbol{a})$ 为 $\boldsymbol{a}$ 的非零分量的个数,即

$$w_H(\boldsymbol{a}) = \#\{i \mid 1\leqslant i\leqslant n, a_i \neq 0\}.$$

而 $\boldsymbol{a}$ 和 $\boldsymbol{b}$ 之间的汉明距离 $d_H(\boldsymbol{a},\boldsymbol{b})$ 是指它们的相异位个数,即

$$d_H(\boldsymbol{a},\boldsymbol{b}) = \#\{i \mid a_i \neq b_i, 1\leqslant i\leqslant n\}.$$

由上述定义可知

$$\begin{aligned} d_H(\boldsymbol{a},\boldsymbol{b}) &= \#\{i \mid a_i - b_i \neq 0, 1\leqslant i\leqslant n\} \\ &= w_H(\boldsymbol{a}-\boldsymbol{b}). \end{aligned}$$

这是由于向量之差为 $\boldsymbol{a}-\boldsymbol{b}=(a_1-b_1,a_2-b_2,\cdots,a_n-b_n)$.

例如,对于 F_3^4 中的 $\boldsymbol{a}=(1,0,2,1)$ 和 $\boldsymbol{b}=(2,0,1,1)$,则 $\boldsymbol{a}-\boldsymbol{b}=(2,0,1,0)$. 因此 $\boldsymbol{a}$ 和 $\boldsymbol{b}$ 之

间的汉明距离为$d_H(\boldsymbol{a},\boldsymbol{b})=w_H(\boldsymbol{a}-\boldsymbol{b})=2$($\boldsymbol{a}$ 和 $\boldsymbol{b}$ 只有第 1 位和第 3 位是相异位).

今后汉明重量 $w_H(\boldsymbol{a})$和汉明距离 $d_H(\boldsymbol{a},\boldsymbol{b})$分别简写为 $w(\boldsymbol{a})$和 $d(\boldsymbol{a},\boldsymbol{b})$.

定义 1.2.3 设 C 是码长为 n 的 p 元纠错码(即 C 是 F_p^n 的一个子集合,至少包含两个码字). C 的最小距离 $d=d(C)$定义为 C 中所有不同码字之间汉明距离的最小值,即

$$d(C)=\min\{d(\boldsymbol{a},\boldsymbol{b})\mid \boldsymbol{a},\boldsymbol{b}\in C,\boldsymbol{a}\neq \boldsymbol{b}\}.$$

例如,在例 1.1.2 中,纠错码 C 为重复码

$$C=\{(a_1a_2a_3a_1a_2a_3a_1a_2a_3)\mid a_1,a_2,a_3\in F_2\}.$$

任意两个不同码字至少有 3 个相异位,即汉明距离均$\geqslant 3$. 而码字(000000000)和(100100100)的汉明距离为 3,所以这个重复码的最小距离为 3.

汉明距离给出有限域上两个向量"远近"的一个衡量标准. 任意两个向量之间的汉明距离都是非负整数,这和通常熟知的欧氏平面或欧氏空间中两点距离不同. 但是汉明距离也有以下性质和通常的距离是一样的:

定理 1.2.1 设 $a,b,c\in F_p^n$,则

(1) $d(\boldsymbol{a},\boldsymbol{b})\geqslant 0$,并且 $d(\boldsymbol{a},\boldsymbol{b})=0$ 当且仅当 $\boldsymbol{a}=\boldsymbol{b}$. 换句话说,每个向量和自身的汉明距离

为 0,而任意两个不同向量的汉明距离为正整数.

(2) 对称性:$d(\boldsymbol{a},\boldsymbol{b})=d(\boldsymbol{b},\boldsymbol{a})$. 于是可以谈 $\boldsymbol{a}$ 和 $\boldsymbol{b}$ 彼此之间的汉明距离.

(3) 三角形不等式:$d(\boldsymbol{a},\boldsymbol{c})\leqslant d(\boldsymbol{a},\boldsymbol{b})+d(\boldsymbol{b},\boldsymbol{c})$,即三角形两边之和大于(等于)第三边.

证明 (1)和(2)的证明是容易的,请读者自行证明(3).

有了定理 1.2.1 给出的汉明距离性质,现在给出纠错码理论的第一个基本结果. 这个结果表明汉明距离确实是反映纠错能力的恰当概念.

定理 1.2.2 设 C 是码长为 n 的 p 元纠错码,$d=d(C)$是 C 的最小距离(见定义 1.2.3),则 C 可以检查$\leqslant d-1$ 位错,也可以纠正$\leqslant \left[\frac{d-1}{2}\right]$位错. 这里对每个实数 $\alpha\geqslant 0$,$[\alpha]$表示 α 的整数部分,即

$$\left[\frac{d-1}{2}\right]=\begin{cases}\dfrac{d-1}{2}, & d\text{ 为奇数},\\[2ex] \dfrac{d}{2}-1, & d\text{ 为偶数}.\end{cases}$$

证明 这里给出的证明可能会使通信工程师们喜欢,因为不仅证明定理中所述的检错和

纠错能力,而且还告诉了如何进行检错和纠错.

假设发出一个码字 $\boldsymbol{c}\in C$,收到的是 $\boldsymbol{y}=\boldsymbol{c}+\boldsymbol{\varepsilon}$,其中,$\boldsymbol{\varepsilon}=(\varepsilon_1,\cdots,\varepsilon_n)\in F_p^n$ 是错误向量. 假定只有不超过 $d-1$ 位出错,也就是说 $w(\boldsymbol{\varepsilon})\leqslant d-1$(只有不超过 $d-1$ 个 $\boldsymbol{\varepsilon}_i$ 不为 0). 则 $d(\boldsymbol{y},\boldsymbol{c})=w(\boldsymbol{y}-\boldsymbol{c})=w(\boldsymbol{\varepsilon})\leqslant d-1$. 如果没有出错,即 $\boldsymbol{\varepsilon}$ 为零向量,则收到的 $\boldsymbol{y}=\boldsymbol{c}+\boldsymbol{0}=\boldsymbol{c}$ 为码字 $\boldsymbol{c}$. 如果信道出错,即 $1\leqslant w(\boldsymbol{\varepsilon})\leqslant d-1$. 由于 $\boldsymbol{\varepsilon}\neq\boldsymbol{0}$,可知 $\boldsymbol{y}\neq\boldsymbol{c}$, 即收到的 $\boldsymbol{y}$ 不是码字 $\boldsymbol{c}$. 对于 $\boldsymbol{c}$ 以外的码字 $\boldsymbol{c}'\in C$, 由于 $\boldsymbol{c}'$ 和 $\boldsymbol{c}$ 是不同的码字, 根据最小距离 d 的定义,可知 $d(\boldsymbol{c},\boldsymbol{c}')\geqslant d$. 但是 $d(\boldsymbol{c},\boldsymbol{y})=w(\boldsymbol{y}-\boldsymbol{c})=w(\boldsymbol{\varepsilon})\leqslant d-1$,所以 $\boldsymbol{y}$ 也不是码字 $\boldsymbol{c}'$. 这就表明 $\boldsymbol{y}$ 不是任何码字. 这就表明:若信道发生的错位不超过 $d-1$ 时,收方可以检查错误. 因为收方收到的 $\boldsymbol{y}$ 是码字,则没有错误,而 $\boldsymbol{y}$ 不是码字时便发现有错.

现在假设发出码字 $\boldsymbol{c}\in C$ 之后信道出现的错位不超过$\left[\frac{d-1}{2}\right]$,即 $w(\boldsymbol{\varepsilon})\leqslant\left[\frac{d-1}{2}\right]$. 收方收到 $\boldsymbol{y}=\boldsymbol{c}+\boldsymbol{\varepsilon}$,从而 $\boldsymbol{y}$ 与码字 $\boldsymbol{c}$ 的汉明距离为 $d(\boldsymbol{y},\boldsymbol{c})=w(\boldsymbol{\varepsilon})\leqslant\left[\frac{d-1}{2}\right]$. 而对于 C 中其他码字 $\boldsymbol{c}'(\boldsymbol{c}\neq\boldsymbol{c}')$,由三角形不等式(见图 1.2.1)知 $\boldsymbol{y}$ 和 $\boldsymbol{c}'$ 的汉明距离为

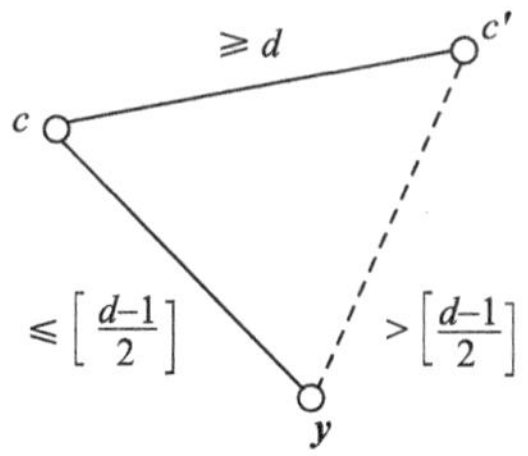

图 1.2.1

$$d(\boldsymbol{y},\boldsymbol{c}')\geqslant d(\boldsymbol{c},\boldsymbol{c}')-d(\boldsymbol{c},\boldsymbol{y})$$
$$\geqslant d-\left[\frac{d-1}{2}\right]>\left[\frac{d-1}{2}\right]\geqslant d(\boldsymbol{y},\boldsymbol{c}).$$

这就表明:收到向量 $\boldsymbol{y}$ 与 $\boldsymbol{c}$ 的汉明距离比 $\boldsymbol{y}$ 与任何其他码字 $\boldsymbol{c}'$的汉明距离都小. 收方把 $\boldsymbol{y}$ 译成跟它最近的唯一码字 $\boldsymbol{c}$ 一定是正确的. 从而可以纠正不超过$\left[\frac{d-1}{2}\right]$位错. 证毕.

在这里,读者可能会提出一个问题:如果信道出现的错位多于 $l=\left[\frac{d-1}{2}\right]$个时怎么办? 一般来说,信道在工程设计上要比较可靠. 假设信道传输时每位出错的概率为 $q(0<q<1)$,则不出错的概率为 $q^1=1-q$. 通常 q 很小(如果 $q=\frac{1}{2}$,这个通信系统不能用,要在技术上加以改进). 如果 $q=0.01$,那么有两位同时出错的

概率为 $q^2=0.0001$. 若码长为 n,那么在 n 位当中有 l 位出错的概率为 $q^l\binom{n}{l}$,这里 $\binom{n}{l}$ 是 n 位中取 l 位的组合数,即

$$\binom{n}{l}=\frac{n!}{l!(n-l)!}.$$

于是一个 n 位的码字出现错位 $\geqslant l$ 的概率为

$$\begin{aligned}P_l&=\sum_{i=l}^{n}q^i\binom{n}{i}\\&=(0.01)^l\binom{n}{l}\\&\quad+(0.01)^{l+1}\binom{n}{l+1}+\cdots+(0.01)^n.\end{aligned}$$

当 l 较大时,P_l 的值很小. 换句话说,一个好的通信系统(即 q 很小时),信道中发生多位错误的概率 P_l 很小. 这时即使译错也关系不大,就像一封信中,大部分字都写对了,极少数字看不清,根据上下文的意义,通常可以把看不清的字猜出来.

以上介绍了纠错码 C 的 3 个基本参数:码长 n、码字个数 $K=|C|$(或者用信息位数 $k=\log_p K$)和最小距离 d. 这样参数的纠错码今后表示成 (n,K,d) 或者 $[n,k,d]$.

纠错码理论的基本数学问题有如下 2 个:

(1) 构造好的纠错码. 也就是说,希望有大的 k/n 值(效率高)和大的 d 值(好的纠错能力).

(2) 要有可以实用的纠错译码算法.

对于问题(1),要注意 3 个基本参数 n,k 和 d 是相互制约的. 例如,对于固定的码长 n,当 k 很大时(即码字很多时),一般来说,最小距离 d 不能很大. 类似地,当 n 和 d 固定时,码字个数也不会太多,即 K 值(或 k 值)也不会太大. 例如,对于一个极端情形,当 $k=n$ 时,即 $K=p^k=p^n$ 从而 $C=F_p^n$,即所有向量都是码字,这时 k/n 达到最大值,但是 $d=1$ 达到最小值,这个码完全没有纠错能力. 反过来,如果 d 达到最大值 n,则码字个数 $K\leqslant p$(习题 9),即 $k\leqslant 1$. 在 1.3 节将要给出纠错码 3 个基本参数和 p 之间的一些相互制约的不等式关系,叫做纠错码的界. 如果一个纠错码 C 的参数使这些不等式变成为等式,那么 C 就是某种意义上的好的纠错码. 构做好的纠错码是第 1 个重要问题. 举一个例子.

例 1.2.1 考虑以下 16 个码字构成的二元码(码长 $n=7$, $p=2$,码字个数 $K=16$,信息位数 $k=\log_2 K=4$):

$$(0000000) \quad (1111111)$$

$$
\begin{array}{ll}
(0010111) & (1101000) \\
(1001011) & (0110100) \\
(1100101) & (0011010) \\
(1110010) & (0001101) \\
(0111001) & (1000110) \\
(1011100) & (0100011) \\
(0101110) & (1010001)
\end{array}
$$

可以验证这个码的最小距离为 $d=3$. 从而此二元码为$[n,k,d]=[7,4,3]$. 例 1.1.2 中给出的重复码,其参数为$[n,k,d]=[9,3,3]$. 二者的纠错能力一样,但是这里的效率 4/7 比重复码的效率 1/3 要好. 所以例 1.2.1 中的纠错码比例 1.1.2 中的重复码要好. 事实上,在第 2 章中可以知道例 1.2.1 中的码是一种性能最好的纠错码,构造好的纠错码是很有学问的.

一个性能良好的纠错码要在实际中被采用,还需要纠错编码和纠错译码能够在工程上容易实现. 否则,即使在数学上构造了好的纠错码也不被采用. 一般来说,纠错编码是容易实现的(关于线性码的纠错编码见 2.1 节),而纠错译码常常比较困难. 当信道出错位数不超过$\left[\frac{d-1}{2}\right]$时,定理 1.2.2 的证明中给出了一个译码算法. 这个方法是说:收方收到 $\boldsymbol{y}$ 之后,要计算 $\boldsymbol{y}$ 和所有 $\boldsymbol{K}$ 个码字之间的汉明距离,然后找到和 $\boldsymbol{y}$ 距离最近的一个码字 $\boldsymbol{c}$,把 $\boldsymbol{y}$ 纠正成 $\boldsymbol{c}$. 收到每个 $\boldsymbol{y}$ 都要这样做一遍,这是很花时间的. 对于工程师来说,这个译码算法不能令人满意. 因此,寻求好的译码算法也是纠错码理论的一个重要课题. 从历史上看,在 1960 年前后人们用抽象代数方法构造了一种好码,叫 BCH 码,这种码的最小距离可以很大,即纠错能力很强. 不久,美国数学家 Berlekamp 和瑞士数学家 Massey 各自独立地给出 BCH 码好的译码算法,所以 BCH 码在工程上一直应用至今. 在 1980 年前后,人们用更高深的数学(代数几何)构造出来性能比 BCH 码还要好的纠错码,叫代数几何码. 但是到目前仍没有完全满意的译码算法,所以代数几何码至今还没有到完全实用的阶段.

构造好的纠错码和发现好的译码算法,都需要采用更多的数学工具. 这就需要考虑纠错码 C 不仅是 F_p^n 的一个子集合,而要赋予它更多的代数性质,在第 2 章考虑 C 为 F_p^n 的向量子空间,从而可以使用线性代数工具. 将向读者展示如何用线性代数的基本知识构造好的纠错码，并且用简单的矩阵计算给出好的纠错编码和译码算法.

习 题 1.2

1. 一个码长为 8 的二元码，最小距离为 5，试问最多能有多少码字？

2. 一个码长为 n 的 p 元码，最小距离为 2，试问最多能有多少码字？

3. 能否构造一个参数为[8,4,4]的二元码？(提示：将例 1.2.1 中的码[7,4,3]的每个码字适当地加上 1 位)

4. 设 C 和 C' 分别是参数为 (n,K,d) 和 $(n'K',d')$ 的 p 元码，将 C 中每个码字和 C' 中每个码字相连而得到新的 p 元码

$$C \oplus C' = \{(\boldsymbol{c},\boldsymbol{c}') \mid \boldsymbol{c} \in C, \boldsymbol{c}' \in C'\}.$$

证明此码的参数为 $(n+n', KK', \min(d,d'))$.

关于码的**等价**

5. 设 C 是 p 元码 (n,K,d). 对于集合 $\{1,2,\cdots,n\}$ 的每个置换 σ，把 C 中每个码字 $\boldsymbol{c}=(c_1,\cdots,c_n)$ 变成 $\sigma(\boldsymbol{c})=(c_{\sigma(1)},\cdots,c_{\sigma(n)})$，从而给出一个新的码 $\sigma(C)=\{\sigma(\boldsymbol{c}) \mid \boldsymbol{c}\in C\}$. 证明纠错码

$\sigma(C)$具有和 C 同样的参数(n,K,d)，称 $\sigma(C)$为 C 的码字 n 个分量进行了置换 σ.

6. 设 C 是 p 元码(n,K,d). 对于 F_p^n 中任意一个固定向量 $\boldsymbol{v}$，考虑新的子集合

$$C+\boldsymbol{v}=\{\boldsymbol{c}+\boldsymbol{v}\mid\boldsymbol{c}\in C\}.$$

证明纠错码 $C+\boldsymbol{v}$ 和 C 有同样的参数(n,K,d). $C+\boldsymbol{v}$ 叫做码 C 的平移.

7. 设 $f:F_p\to F_p$ 是一一映射，并且 $f(0)=0$(从而当 $a\in F_p,a\neq 0$ 时，$f(a)\neq 0$). 设 C 是 p 元码(n,K,d)，将 C 中每个码字 $\boldsymbol{c}=(c_1,c_2,\cdots,c_n)$变成 $f(\boldsymbol{c})=(f(c_1),\cdots,f(c_n))$. 证明新的码 $f(C)=\{f(\boldsymbol{c})\mid\boldsymbol{c}\in C\}$和 C 有同样的参数(n,K,d). $f(C)$叫做对 C 中码字作元素置换.

注：两个 p 元码 C 和 C'叫做等价的，是指通过有限次的前 3 种变换(即分量置换、平移或元素置换)可以将 C 变成 C'. 由习题 5～7 可知，等价的纠错码具有相同的参数(n,K,d)(或$[n,k,d]$).

8. 证明存在参数为$(n,K,d)=(5,4,3)$的二元码，并且所有这种参数的二元码均彼此等价.

9. 如果 p 元纠错码 C 满足 $n=d$，证明 $K\leqslant p$(即码字最多有 p 个).

10. 一个信道在每位发生错误的概率都是 0.1,试问在 5 位中有 2 位出错的概率是多少?

11. 对于 F_p^n 中 3 个向量 $\boldsymbol{a},\boldsymbol{b},\boldsymbol{c}$,试问何时 $d(\boldsymbol{a},\boldsymbol{c})=d(\boldsymbol{a},\boldsymbol{b})+d(\boldsymbol{b},\boldsymbol{c})$?

1.3 纠错码的界

本节给出纠错码基本参数之间的一些相互制约的不等式关系.

定理 1.3.1(汉明界) 如果存在 p 元纠错码,参数为(n,K,d),则

$$p^n \geqslant K\sum_{i=0}^{\left[\frac{d-1}{2}\right]}(p-1)^i\binom{n}{i},$$

其中$\binom{n}{i}$是 n 个物体中取 i 个的组合数,即

$$\binom{n}{i}=\frac{n!}{i!(n-i)!},\quad 0\leqslant i\leqslant n.$$

这里对正整数 m,$m!$ 表示 $1\cdot 2\cdot 3\cdot\cdots\cdot m$(阶乘),而规定 $0!=1$.

证明 在向量空间 F_p^n 中,对于正整数 r 和向量 $\boldsymbol{v}\in F_p^n$,考虑与 $\boldsymbol{v}$ 的汉明距离小于或等于 r 的所有向量组成的集合 $S(\boldsymbol{v};r)$,叫做以 $\boldsymbol{v}$ 为中

心，以 r 为半径的闭球. 也就是说，

$$S(\boldsymbol{v};r)=\{\boldsymbol{a}\in F_p^n \mid d(\boldsymbol{a},\boldsymbol{v})\leqslant r\}.$$

由于整个向量空间 F_p^n 的向量总数 p^n 是有限的，所以球 $S(\boldsymbol{v};r)$ 中的向量个数 $N(r)$ 也是有限的. 来计算这个数. 设 $\boldsymbol{v}=(v_1,\cdots,v_n)$，$v_i\in F_p$. 如果 $d(\boldsymbol{v},\boldsymbol{a})=i$，则 $\boldsymbol{a}$ 和 $\boldsymbol{v}$ 有 i 个相异位. $\boldsymbol{a}$ 在这 i 个相异位上取值与 $\boldsymbol{v}$ 不同，这表明在每个相异位上 $\boldsymbol{a}$ 的分量取值均有 $p-1$ 个可能，从而在 i 个相异位上 $\boldsymbol{a}$ 的取值共 $(p-1)^i$ 个可能性. 在另外 $n-i$ 个位上，$\boldsymbol{a}$ 和 $\boldsymbol{v}$ 的取值相同，所以 $\boldsymbol{a}$ 在这 $n-i$ 位上取值由 $\boldsymbol{v}$ 所完全决定. 于是对于每 i 个固定的位置，均有 $(p-1)^i$ 个 $\boldsymbol{a}$，使得 $\boldsymbol{a}$ 和 $\boldsymbol{v}$ 的相异位恰好是这 i 位. 但是 i 个相异位的取法共有 $\binom{n}{i}$ 种，所以和 $\boldsymbol{v}$ 的汉明距离等于 i 的向量个数为 $(p-1)^i\binom{n}{i}$. 于是球 $S(\boldsymbol{v};r)$ 中向量个数为

$$N(r)=\sum_{i=0}^{r}(p-1)^i\binom{n}{i}.$$

由这个公式看出，球中元素个数与半径 r 有关，但是和球心 $\boldsymbol{v}$ 无关.

现在设存在参数为 (n,K,d) 的 p 元码 C.

令$r=\left[\frac{d-1}{2}\right]$,考虑以 C 中所有码字 $\boldsymbol{c}_1,\boldsymbol{c}_2,\cdots,\boldsymbol{c}_K$ 为中心,半径为 r 的 K 个球 $S_i=S(\boldsymbol{c}_i;r)(1\leqslant i\leqslant K)$. 这 K 个球两两不相交,因为若有向量 $\boldsymbol{a}$ 同时属于 S_i 和 $S_j(i\neq j)$,则 $d(\boldsymbol{a},\boldsymbol{c}_i)\leqslant r$, $d(\boldsymbol{a},\boldsymbol{c}_j)\leqslant r$. 于是由三角形不等式:

$$\begin{aligned}d(\boldsymbol{c}_i,\boldsymbol{c}_j)&\leqslant d(\boldsymbol{c}_i,\boldsymbol{a})+d(\boldsymbol{a},\boldsymbol{c}_j)\\&\leqslant 2r=2\left[\frac{d-1}{2}\right]\leqslant d-1.\end{aligned}$$

另一方面,由于 $\boldsymbol{c}_i$ 和 $\boldsymbol{c}_j$ 是 C 中不同的码字,应当 $d(\boldsymbol{c}_i,\boldsymbol{c}_j)\geqslant d$. 这就导致矛盾. 这就表明上述 K 个球两两不相交,所以在整个空间 F_p^n 中可以填进这 K 个球,并且彼此不相重叠. 特别地,整个空间中的向量个数 p^n 要大于或等于这 K 个球的向量总和 $K\cdot N(r)=K\cdot\sum\limits_{i=0}^{r}(p-1)^i\binom{n}{i}$,其中,$r=\left[\frac{d-1}{2}\right]$. 这就证明了定理 1.3.1. 证毕.

注记 由定理 1.3.1 的证明可知,汉明界中的不等式成为等式,当且仅当证明中那 K 个球正好不重叠地把整个空间填满! 如果纠错码的参数使汉明界的等式成立,称该码是完全码(perfect code). 这是一类好码. 因为对于这种完全码,码字个数 K 已达到最好,不存在参数

$(n,K+1,d)$的码(K 个球已把空间填满,不能再放进一个球).

在通常欧氏平面$\mathbb{R}^2$ 或欧氏空间$\mathbb{R}^n(n\geqslant 3)$中,不可能放入一些球($\mathbb{R}^2$ 中则是圆),不相重叠并且填满整个空间,因为球之间一定有空隙.但是对于有限域 F_p 上的向量空间 F_p^n,却可以做到这一点,即完全码是存在的. 考虑 1.2 节中的例 1.2.1,它是参数$(n,K,d)=(7,16,3)$的二元码($p=2$). 由于 $2^n=2^7$,而

$$K\cdot\sum_{i=0}^{\left[\frac{d-1}{2}\right]}(p-i)^i\binom{n}{i}$$

$$=2^4\cdot\sum_{i=0}^{1}\binom{7}{i}=2^4(1+7)=2^7=2^n,$$

由此可知例 1.2.1 中的码是完全码. 换句话说,以该码的 16 个码字为球心,以 1 为半径的 16 个球不重叠地填满整个空间 F_2^7(!). 在第 2 章还要构造出更多的完全码.

现在给出纠错码另一个表达式更简单的定理——Singleton 界.

定理 1.3.2(Singleton 界) 如果存在参数为(n,K,d)的 p 元纠错码,并且 $1\leqslant d\leqslant n-1$,则 $K\leqslant p^{n-d+1}$(即 $k\leqslant n-d+1$).

证明 设 C 是参数为(n,K,d)的 p 元码.

对每个元素 $a\in F_p$，以 C_a 表示 C 中所有末位为 a 的码字去掉末位 a 之后所得长为 $n-1$ 的向量全体. 它是 F_p^{n-1} 的一个子集合，即

$$C_a=\{(c_1,\cdots,c_{n-1})\in F_p^{n-1}\mid (c_1,\cdots,c_{n-1},a)\in C\},\quad a\in F_p.$$

请读者证明每个长为 $n-1$ 的 p 元码 C_a，其最小距离 $d(C_a)\geqslant d(C)=d$. p 个码 $C_a(a\in F_p)$ 两两不相交，所有码字数之和等于 C 的码字个数，即 $\sum_{a=0}^{p-1}|C_a|=|C|=K$(为什么?). 从而至少存在一个 $a\in F_p$，使得 C_a 的码字个数 $\geqslant\frac{K}{p}$. 以上由参数 (n,K,d) 的 p 元码存在，推出了参数 $\left(n-1,\left\lceil\frac{K}{p}\right\rceil d\right)$，的 p 元码存在. 继续下去，便知参数为 $\left(d,\left\lceil\frac{K}{p^{n-d}}\right\rceil,d\right)$ 的 p 元码存在，这里 $\lceil\alpha\rceil$ 表示大于或等于 α 的最小整数(即当 α 为整数时，$\lceil\alpha\rceil=\alpha$，否则 $\lceil\alpha\rceil=[\alpha]+1$). 由于码长和最小距离相等的码最多有 p 个码字(1.2 节习题 9). 因此 $\left\lceil\frac{K}{p^{n-d}}\right\rceil\leqslant p$，于是 $K\leqslant p^{n-d+1}$. 证毕.

注记 若 Singleton 界中等式成立，即若 C 是参数 $[n,k,d]$ 的纠错码，其中 $n=k+d-1$，则

C 叫做“极大距离可分”码，简记为**MDS 码**(maximum distance separable code). 这个名称来源于：这种码相当于一种组合设计，叫做“极大距离可分”的.

现在可以给出 MDS 码的一个平凡的例子. 考虑码

$$C=\{(a,a,\cdots,a)\in F_p^n \mid 0\leqslant a\leqslant p-1\},$$

它的参数为$[n,k,d]=[n,1,n]$，这是 MDS 码. 进一步的 MDS 码例子参见第 2 章中的多项式码.

MDS 码也是一类好码，因为若 C 是 MDS 码，即参数为$[n,k,d]$，$n=k+d-1$，则 3 个参数都不能再好. 因为由定理 1.3.2 可知不存在参数为$[n-1,k,d]$，$[n,k+1,d]$或者$[n,k,d+1]$的纠错码.

纠错码还有其他界. 现在再介绍一个界，它只适用于 2 元码的情形.

定理 1.3.3(二元码的 Plotkin 界)　如果存在参数为(n,K,d)的二元码，并且 $2d>n$，则

$$K\leqslant\begin{cases}2\left[\dfrac{d}{2d-n}\right], & K \text{ 为偶数},\\ 2\left[\dfrac{d}{2d-n}\right]-1, & K \text{ 为奇数}.\end{cases}$$

证明 设 $C=\{c_1,\cdots,c_K\}$ 是参数为 (n,K,d) 的二元码，$2d>n$，它的 K 个码字 $\boldsymbol{c}_i(1\leqslant i\leqslant K)$ 都是长为 n 的二元向量：$\boldsymbol{c}_i=(c_{i1},c_{i2},\cdots,c_{in})$ $(c_{ij}\in F_2=\{0,1\})$. 考虑元素属于 F_2 的如下 $\binom{K}{2}$ 行 n 列矩阵：

$$\boldsymbol{A}=\begin{bmatrix}\boldsymbol{c}_1+\boldsymbol{c}_2\\ \boldsymbol{c}_1+\boldsymbol{c}_3\\ \vdots\\ \boldsymbol{c}_{K-1}+\boldsymbol{c}_K\end{bmatrix},$$

其中，$\binom{K}{2}$ 行分别是不同码字之差 $\boldsymbol{c}_i-\boldsymbol{c}_j(=\boldsymbol{c}_i+\boldsymbol{c}_j)(1\leqslant i<j\leqslant K)$. 用两种不同方式来计算矩阵 $\boldsymbol{A}$ 中 1 的个数 N. 由于 $w(\boldsymbol{c}_i+\boldsymbol{c}_j)=d(\boldsymbol{c}_i,\boldsymbol{c}_j)\geqslant d$，可知 $\boldsymbol{A}$ 中每行都至少有 d 个 1，所以 $N\geqslant d\binom{K}{2}$. 另一方面，对于每个 $l(1\leqslant l\leqslant n)$，设码字 $\boldsymbol{c}_1,\cdots,\boldsymbol{c}_K$ 的第 l 位共有 N_l 个为 1，其余 $K-N_l$ 个为 0，则 $\boldsymbol{A}$ 中 $\binom{K}{2}$ 个行 $\boldsymbol{c}_i+\boldsymbol{c}_j(1\leqslant i<j\leqslant K)$ 的第 l 位(即 $\boldsymbol{A}$ 的第 l 列)共有 $N_l(K-N_l)$ 个为 1(即 N_l 个 1 与 $K-N_l$ 个 0 逐个相加所给出的 1). 于是 $N=\sum_{l=1}^{n}N_i(K-N_i)$，从而

$$\sum_{l=1}^{n} N_i(K - N_i) = N \geqslant d\binom{K}{2}. \tag{1.3.1}$$

如果 K 是偶数，由于 N_i 与 $K-N_i$ 之和为 K，熟知 $N_i=\frac{K}{2}$时 $N_i(K-N_i)$ 最大. 于是式(1.3.1)给出

$$d\frac{K(K-1)}{2} \leqslant \sum_{l=1}^{n}\left(\frac{K}{2}\right)^2 = \frac{nK^2}{4},$$

即 $2d(K-1)\leqslant nK$. 再由假设 $2d>n$ 可知 $K\leqslant\frac{2d}{2d-n}$. 由于 K 是偶数，所以$\frac{K}{2}\leqslant\left[\frac{d}{2d-n}\right]$，即 $K\leqslant 2\left[\frac{d}{2d-n}\right]$.

如果 K 是奇数，则当 N_i 和 $K-N_i$ 分别是整数$\frac{K-1}{2}$和$\frac{K+1}{2}$时乘积最大. 这时式(1.3.1)给出

$$\begin{aligned} d\frac{K(K-1)}{2} &\leqslant \sum_{l=1}^{n}\left(\frac{K-1}{2}\right)\left(\frac{K+1}{2}\right) \\ &= \frac{1}{4}n(K-1)(K+1). \end{aligned}$$

化简后得到$\frac{1}{2}(K+1)\leqslant\frac{d}{2d-n}$. 由于左边是整数，所以$\frac{K+1}{2}\leqslant\left[\frac{d}{2d-n}\right]$，即 $K\leqslant 2\left[\frac{d}{2d-n}\right]-1$.

证毕.

达到 Ploktin 界的二元码也是一类好码.

例 1.3.1 码长为 9 并且最小距离为 5 的二元码,最多能有多少码字?

解 设 C 是参数$(n,K,d)=(9,K,5)$的二元码. 如果直接用定理 1.3.3 中的 Plotkin 界,给出 $K\leqslant 2\left[\frac{d}{2d-n}\right]=2\left[\frac{5}{10-9}\right]=10$. 但是若由 C 构造一个新的二元码

$$C'=\{(c_1,\cdots,c_{10})\in F_2^{10}\mid(c_1,\cdots,c_9)\in C,\\ c_{10}=c_1+c_2+\cdots+c_9\},$$

即将 C 中每个码字后面加上 1 位 C_{10},使得 1 的个数为偶数,不难看出码 C' 的参数为$(n,K,d)=(10,K,6)$. 将定理 1.3.3 用于码 C',可得到 K 的更好上界 $K\leqslant 2\left[\frac{6}{12-10}\right]=6$. 事实上,达到 Plotkin 界的二元码$(n,K,d)=(10,6,6)$和$(9,6,5)$是存在的(习题 2). 它们都是好的二元码,因为码字个数不能再增加了.

例 1.3.2(阿达玛码) 参数为$(n,K,d)=(4m,4m,2m)$的二元码叫做**阿达玛码**(其中 m 是正整数). 这个名称的来源是由于它们可由一种叫做阿达玛方阵的组合结构得到,法国数

学家阿达玛(Hadamard)最早研究这种方阵.

定义 1.3.1 一个 $4m$ 行 $4m$ 列的方阵 $\boldsymbol{H}$ 叫做阿达玛方阵,是指方阵中元素均是实数 1 或者 −1,并且

$$\boldsymbol{H}^{\mathrm{T}}\boldsymbol{H}=4m\boldsymbol{I}_{4m}.$$

这里 $\boldsymbol{H}^{\mathrm{T}}$ 表示方阵 $\boldsymbol{H}$ 的转置,而 $\boldsymbol{I}_{4m}$ 表示 $4m$ 阶单位方阵(即主对角线元素均为 1,其他元素为 0).

例如,

$$\boldsymbol{H}_1=\begin{bmatrix}1&1&1&1\\1&-1&1&-1\\1&1&-1&-1\\1&-1&-1&1\end{bmatrix}$$

是 4 阶阿达玛阵,容易验证 $\boldsymbol{H}_1^{\mathrm{T}}\boldsymbol{H}_1=4\boldsymbol{I}_4$. 一般地,递推地构造

$$\boldsymbol{H}_2=\begin{bmatrix}\boldsymbol{H}_1&\boldsymbol{H}_1\\\boldsymbol{H}_1&-\boldsymbol{H}_1\end{bmatrix},$$

$$\boldsymbol{H}_{m+1}=\begin{bmatrix}\boldsymbol{H}_m&\boldsymbol{H}_m\\\boldsymbol{H}_m&-\boldsymbol{H}_m\end{bmatrix},\quad m\geqslant 2,$$

则 $\boldsymbol{H}_m$ 是 2^{m+1}阶阿达玛阵. 因为若 $\boldsymbol{H}_m$ 是阿达玛阵,即 $\boldsymbol{H}_m^{\mathrm{T}}\boldsymbol{H}_m=2^{m+1}\boldsymbol{I}_{2^{m+1}}$,则由矩阵分块乘法,

$$H_{m+1}^{\mathrm{T}} H_{m+1} = \begin{bmatrix} H_m^{\mathrm{T}} & H_m^{\mathrm{T}} \\ H_m^{\mathrm{T}} & -H_m^{\mathrm{T}} \end{bmatrix} \begin{bmatrix} H_m & H_m \\ H_m & -H_m \end{bmatrix}$$

$$= \begin{bmatrix} 2H_m^{\mathrm{T}} H_m & O \\ O & 2H_m^{\mathrm{T}} H_m \end{bmatrix}$$

$$= \begin{bmatrix} 2^{m+2} I_{2^{m+1}} & O \\ O & 2^{m+2} I_{2^{m+1}} \end{bmatrix} = 2^{m+2} I_{2^{m+2}}.$$

这样一来，对每个 $m \geqslant 2$，都构造了 2^m 阶的阿达玛阵. 利用数论知识和细致的组合方法，目前对于 10^4 以内的正整数 m 都构造出了 $4m$ 阶阿达玛阵. 组合学中的一个著名的猜想是：

对每个正整数 m，$4m$ 阶阿达玛阵均存在. 这个猜想至今未解决.

现在讲阿达玛阵和二元纠错码的关系. 设

$$H = (a_{ij}), \quad 1 \leqslant i \leqslant n, \quad a_{ij} \in \{\pm 1\}$$

是一个 $n = 4m$ 阶的阿达玛阵. 由定义 $H^{\mathrm{T}} H = nI_n$，从而由矩阵乘法给出：

$$\sum_{i=1}^{n} a_{ji} a_{ki} = \begin{cases} n, & j = k, \\ 0, & \text{否则}. \end{cases}$$

当 $j = k$ 时，显然有 $\sum_{i=1}^{n} a_{ji} a_{ji} = \sum_{i=1}^{n} a_{ji}^2 = \sum_{i=1}^{n} 1 = n$. 而当 $j \neq k$ 时，上式给出

$$\sum_{i=0}^{n} a_{ji} a_{ki} = 0, \quad 1 \leqslant j \neq k \leqslant n. \tag{1.3.2}$$

由于 a_{ji} 和 a_{ki} 取值 1 或 −1. 可知 $a_{ji}a_{ki}$ 为 1 或 −1. 并且由式(1.3.2)知左边 n 个乘积 $a_{ji}a_{ki}$ 当中,值为 1 和 −1 的各有 $n/2=2m$ 项. 由于 $a_{ji}a_{ki}=1$ 当且仅当 $a_{ji}=a_{ki}$(即同时为 1 或同时为 −1),而 $a_{ji}a_{ki}=-1$ 当且仅当 $a_{ji}\neq a_{ki}$(即一个为 1 另一个为 −1). 所以若考虑方阵 $\boldsymbol{H}$ 中第 j 行和第 k 行给出的两个向量$(a_{j1},a_{j2},\cdots,a_{jn})$和$(a_{k1},a_{k2},\cdots,a_{kn})$,可知这两个向量的相同位数和相异位数都是 $2m=n/2$(各占一半). 如果再把 $\boldsymbol{H}$ 中 n 个行向量的 1 和 −1 分别改成二元域 F_2 中的 0 和 1,便得到长为 n 的 n 个二元向量,这 n 个向量当中任意两个不同向量的相异位数仍是 $n/2$,即任意两个不同向量的汉明距离都是 $n/2$. 这 n 个向量组成的二元码 C,参数为 $(n,K,d)=(4m,4m,2m)$. 所以,由一个 $4m$ 阶的阿达玛阵,均可以构造出参数为 $(n,K,d)=(4m,4m,2m)$ 的二元码 C,并且任意两个不同码字的汉明距离均是 $2m$.

例如,由 4 阶阿达玛阵

$$\boldsymbol{H}=\begin{bmatrix}1 & 1 & 1 & 1\\ 1 & -1 & 1 & -1\\ 1 & 1 & -1 & -1\\ 1 & -1 & -1 & 1\end{bmatrix},$$

将 1 和 −1 分别改成 0 和 1，$\boldsymbol{H}$ 的4 行分别成为 (0000)，(0101)，(0011)，(0110)，它们组成参数 $(n,K,d)=(4,4,2)$ 的二元码 C，并且任意两个不同码字的汉明距离都是 2.

再作进一步讨论. 设 C 是由 $n=4m$ 阶阿达玛阵构造出的二元码，参数为 $(n,K,d)=(4m,4m,2m)$. 取 C 中的一个码字 $\boldsymbol{c}=(c_1,\cdots,c_n)\in F_2^n$，把它改成 $\boldsymbol{c}'=\boldsymbol{c}+(1,1,\cdots,1)=(c_1+1,c_2+1,\cdots,c_n+1)$，而其余码字不变. 由于 $\boldsymbol{c}'$ 是将 $\boldsymbol{c}$ 中的分量 c_i 分别改成 c_i+1，即 0 改成 1 而 1 改成 0. 可知对于码 C 中每个 $\boldsymbol{c}$ 以外的码字 $\boldsymbol{c}''$，$\boldsymbol{c}$ 和 $\boldsymbol{c}''$ 之间的相同位(相异位)恰好是 $\boldsymbol{c}'$ 和 $\boldsymbol{c}''$ 之间的相异位(相同位). 这就表明 $d(\boldsymbol{c}',\boldsymbol{c}'')=4m-d(\boldsymbol{c},\boldsymbol{c}'')=4m-2m=2m$. 换句话说，将 C 中码字 $\boldsymbol{c}$ 改成 $\boldsymbol{c}'$ 而其余码字不变，所得新的二元码参数仍为 $(n,K,d)=(4m,4m,2m)$. 如果 $\boldsymbol{c}$ 的第一个分量为 1，则 $\boldsymbol{c}'$ 的第 1 个分量为 0. 所以用上述方法，由 C 可得到一个二元码，参数仍为 $(n,K,d)=(4m,4m,2m)$，并且每个码字的第 1 个分量均为 0. 现在把这些码字的第 1 个分量都去掉，成为长 $n-1$ 的码字，它们构成的二元码 C' 参数为 $(4m-1,4m,2m)$，并且任意两个不同码字的汉明距离仍旧都是 $2m$. 二元码 C' 达到

Plotkin 界，因为 $K=4m$，而 $2\left[\frac{d}{2d-(4m-1)}\right]=2\left[\frac{2m}{4m-(4m-1)}\right]$也是 $4m$. 这就表明：如果 $4m$ 阶阿达玛阵存在，由 C 可构造出达到 Plotkin 界的二元码，参数为$(4m-1,4m,2m)$. 这是一类好码.

例如，由前面的二元码 $C=\{(0000),(0101),(0011),(0110)\}$ 可得到二元码 $C'=\{(000),(101),(011),(110)\}$，参数为$(n,K,d)=(3,4,2)$，达到 Plotkin 界. 如果关于阿达玛阵的猜想成立，即对每个正整数 m 均存在 $4m$ 阶阿达玛阵，则对于每个 $m\geqslant1$，都可构造出一批好的二元纠错码 C'，参数为$(n,K,d)=(4m-1,4m,2m)$.

以上讲了用阿达玛阵构造纠错码的例子，是想向读者表明：组合学和数论是纠错码理论中的重要数学工具(构造阿达玛阵需要组合与数论方法). 但是本书从第 2 章开始，主要介绍纠错码中的代数方法，讲述线性代数工具的应用.

习　题　1.3

1. 设 d 为偶数，$2 \leqslant d \leqslant n$. 证明存在参数为 (n, K, d) 的二元码当且仅当存在参数为 $(n-1, K, d-1)$ 的二元码.

2. 试构造参数为 $(n, K, d)=(9,6,5)$ 和 $(10,6,6)$ 的二元码.

3. 构造参数为 $(n, K, d)=(8,8,4)$ 和 $(7,8,4)$ 的二元码(提示：用 8 阶阿达玛阵).

4. 证明完全码的最小距离 d 必是奇数.

2 线性码

代数继续以热带森林那样的活力和扩张能力增殖着.

——奎恩(W. V. Quine)

2.1 生成矩阵和校验矩阵

定义 2.1.1 一个码长为 n 的 p 元码 C 叫做线性码,是指 C 是向量空间 F_p^n 的向量子空间,即 C 满足如下的性质:对于 F_p 中任意元素 α 和 β,如果 $\boldsymbol{c}_1$ 和 $\boldsymbol{c}_2$ 属于 C,则 $\alpha\boldsymbol{c}_1+\beta\boldsymbol{c}_2$ 也属于 C.

如果 C 不是 F_p^n 的向量子空间,则 C 叫做非线性码.

例如,例 1.1.1(奇偶校验码)和例 1.1.2(重复码)都是二元线性码. 例 1.1.1 也是二元线性码. 如果 C 是码长为 n 的 p 元线性码,$C \neq F_p^n$. 取 $\boldsymbol{v} \in F_p^n$, $\boldsymbol{v} \notin C$. 考虑码

$$C' = \{\boldsymbol{c} - \boldsymbol{v} \mid \boldsymbol{c} \in C\}.$$

由 C' 和 C 有相同的参数 (n,K,d)(1.2 节习题 6). 但是 C' 是非线性码,因为线性码一定包含零向量,而 C' 中没有零向量(若 $\boldsymbol{c}-\boldsymbol{v}=\boldsymbol{0}$,则 $\boldsymbol{c}=\boldsymbol{v}$,但是已假定 $\boldsymbol{v} \notin C$,而 $\boldsymbol{c} \in C$,矛盾).

研究线性码可以用线性代数作为工具,这是一个优点. 不过要注意,通常读者学的是实数域 $\mathbb{R}$ 或者复数域 $\mathbb{C}$ 上的线性代数,这里则需要有限域 F_p 上的线性代数. 但是线性代数的多数概念(如基、维数、线性相关和线性无关、矩阵的秩、行列式等)和大部分结论(如线性方程组求解理论等)在任何域上都是一致的. 如果有限域上的线性代数有某些特殊的地方,将在讲述中特别地指出来. 否则,就不加声明地使用读者所学的线性代数知识.

另一方面,线性码只是纠错码当中的一部分. 事实上,多数的纠错码都是非线性码. 读者可能会问:线性码当中是否有好的纠错码? 如果好码都是非线性的,那么即使采用了线性代

数工具,研究线性码不也是意义不大吗?幸好,今后要向读者展示,有许多好的纠错码都是线性码(或者等价于线性码),而且大多数非线性码都没有好的译码算法. 线性码可以用矩阵运算给出好的译码算法,这说明线性码是值得去研究的.

现在开始用线性代数工具来研究线性码. 首先给出两个简单的结论. 第一个是关于线性码 C 的最小距离. 根据定义,C 的最小距离 d 是 C 中任意不同码字的汉明距离的最小值,即

$$d = \min\{d(\boldsymbol{c},\boldsymbol{c}') \mid \boldsymbol{c},\boldsymbol{c}' \in C,\boldsymbol{c} \neq \boldsymbol{c}'\}.$$

可是 $d(\boldsymbol{c},\boldsymbol{c}')=w(\boldsymbol{c}-\boldsymbol{c}')$. 由于 C 是线性码,$\boldsymbol{c}-\boldsymbol{c}'$是 C 中的非零码字. 所以 $d(\boldsymbol{c},\boldsymbol{c}')$即是 C 中非零码字 $\boldsymbol{c}-\boldsymbol{c}'$的汉明重量. 反过来,对于 C 中每个非零码字 $\boldsymbol{c}$ ($\boldsymbol{c}\in C,\boldsymbol{c}\neq\boldsymbol{0}$),由于零向量 $\boldsymbol{0}$ 必为线性码 C 中的码字(零向量包含在 F_p^n 的每个向量子空间之中),因此 $w(\boldsymbol{c})=d(\boldsymbol{c},\boldsymbol{0})$,即每个非零码字 $\boldsymbol{c}$ 的汉明重量也是 C 中两个不同码字 $\boldsymbol{c}$ 和 $\boldsymbol{0}$ 的汉明距离. 这就表明:

线性码 C 的最小距离 d 等于 C 中所有非零码字汉明重量的最小值,即

$$d = \min\{w(\boldsymbol{c}) \mid \boldsymbol{c} \in C,\boldsymbol{c} \neq \boldsymbol{0}\}.$$

对于非线性码,需要计算$\binom{K}{2}=\frac{K(K-1)}{2}$对不同码字 $\boldsymbol{c}$ 和 $\boldsymbol{c}'$ 之间的汉明距离$d(\boldsymbol{c},\boldsymbol{c}')$,它们的最小值才决定码的最小距离. 但是对线性码,只需计算 $K-1$ 个非零码字 $\boldsymbol{c}$ 的汉明重量 $w(\boldsymbol{c})$,它们的最小值就是线性码的最小距离. 例如,对于例 1.2.1 中的线性码,容易看出其中 15 个非零码字的汉明重量最小值为 3,从而最小距离为 3.

第二个简单结论是关于线性码(作为向量子空间)的维数. 设 p 元线性码 C 的维数是 l,于是 C 有一组基 $\boldsymbol{v}_1,\boldsymbol{v}_2,\cdots,\boldsymbol{v}_l$. 从而每个码字 $\boldsymbol{c}$ 都唯一地表示成这组基向量在 F_p 上的线性组合

$$\boldsymbol{c}=a_1\boldsymbol{v}_1+a_2\boldsymbol{v}_2+\cdots+a_l\boldsymbol{v}_l,\quad a_i\in F_p.$$

由于每个 a_i 在 F_p 中都有 p 个选取可能,所以系数 $a_1,\cdots,a_l$ 共有 p^l 个选取方式. 这就表明 C 中共有 p^l 个码字,从而码字个数为 $K=p^l$,即 $l=\log_p K$. 但是 $\log_p K$ 恰好是线性码 C 的信息位数 k. 这就表明:

对于线性码 C,它的维数即是信息位数 k.

例如,对于例 1.2.1,这是 16 个码字的二元线性码,从而是 F_2^7 的一个 4 维向量子空间($k=$

4). 请读者验证{(0010111),(1001011),(1100101),(1111111)}是这个线性码的一组基,即所有 16 个码字恰好是它们的线性组合.

由于线性码的信息位数 k 是维数,从而 k 是整数. 而对于非线性码,$k=\log_p K$ 不一定为整数. 因此今后常采用$[n,k,d]$表示线性码的基本参数,而不用(n,K,d). 由于 $K=p^k$,所以定理 1.3.1 中的汉明界对于线性码可以写成

$$p^{n-k} \geqslant \sum_{i=0}^{\left[\frac{d-1}{2}\right]} (p-1)^i \binom{n}{i}.$$

现在开始系统地采用线性代数工具来讲述线性码. 设 C 是参数为$[n,k,d]$的 p 元线性码. 由于 C 的维数是 k,可以取 C 的一组基$\{\boldsymbol{v}_1,\boldsymbol{v}_2,\cdots,\boldsymbol{v}_k\}$,其中,

$$\boldsymbol{v}_i=(v_{i1},v_{i2},\cdots,v_{in})\in F_p^n,\quad 1\leqslant i\leqslant k.$$

于是 C 中每个码字 $\boldsymbol{c}=(c_1,\cdots,c_n)$可唯一地表示成

$$\begin{aligned}\boldsymbol{c}&=a_1\boldsymbol{v}_1+a_2\boldsymbol{v}_2+\cdots+a_k\boldsymbol{v}_k\\&=(a_1,\cdots,a_k)\begin{bmatrix}\boldsymbol{v}_1\\ \vdots\\ \boldsymbol{v}_k\end{bmatrix}=(a_1,\cdots,a_k)G,\quad a_i\in F_p.\end{aligned}$$

这里

$$G=\begin{bmatrix}\boldsymbol{v}_1\\ \vdots\\ \boldsymbol{v}_k\end{bmatrix}=\begin{bmatrix}v_{11} & v_{12} & \cdots & v_{1n}\\ \vdots & \vdots & & \vdots\\ v_{k1} & v_{k2} & \cdots & v_{kn}\end{bmatrix}$$

是 k 行 n 列的矩阵，由 k 个基向量组成它的 k 行，元素属于 F_p. G 叫做线性码 C 的一个生成矩阵. 由于 $k\leqslant n$，并且基向量 $\boldsymbol{v}_1,\cdots,\boldsymbol{v}_k$ 是线性无关的，可知矩阵 $\boldsymbol{G}$ 的秩 rank$\boldsymbol{G}$ 等于 k.

例如，例 1.2.1 中的二元线性码，已知 {(0010111)，(1001011)，(1100101)，(1111111)} 是一组基，所以给出此线性码的一个生成矩阵

$$\boldsymbol{G}=\begin{bmatrix}0&0&1&0&1&1&1\\1&0&0&1&0&1&1\\1&1&0&0&1&0&1\\1&1&1&1&1&1&1\end{bmatrix}.$$

线性码 C 可以有不同的基，从而可以有不同的生成矩阵. 根据不同基之间的线性变换是可逆的，可以证明(留作习题)：

设 $\boldsymbol{G}$ 是 p 元线性码 C 的一个生成矩阵，则对于一个 F_p 上的 k 行 n 列矩阵 $\boldsymbol{G}'$，$\boldsymbol{G}'$ 是 C 的生成矩阵当且仅当存在 F_p 上的一个 k 阶可逆方阵 $\boldsymbol{A}$(即 $\boldsymbol{A}$ 的行列式 det$\boldsymbol{A}$ 为 F_p 中非零元素)，使得 $\boldsymbol{G}'=\boldsymbol{A}\boldsymbol{G}$.

由于每个码字都可以唯一表示成

$$c = aG, \quad a = (a_1, \cdots, a_k) \in F_p^k,$$

所以给出从向量空间 F_p^k 到 F_p^n 的一个映射

$$\varphi: F_p^k \to F_p^n, \quad \varphi(a) = aG.$$

这是 F_p 线性映射，并且是单射. 像集合

$$I_m(\varphi) = \varphi(F_p^k) = \{\varphi(a) = aG \mid a \in F_p^k\}$$

就是 C 中全部 $p^k = K$ 个码字，即 $I_m(\varphi) = C$. 所以映射 φ 可以看成是纠错编码，它将 F_p^k 中全部 p^k 个向量(原始信息)通过映射 φ 对应成码长为 n 的 C 中 p^k 个码字，使得具有纠错能力. 所以，生成矩阵可用来对线性码进行纠错编码.

另一方面，由线性代数知道，F_p^n 的一个 k 维子空间 C 还可以看成是 $n-k$ 个线性无关齐次线性方程组

$$\begin{cases} b_{11}x_1 + b_{12}x_2 + \cdots + b_{1n}x_n = 0, \\ \cdots\cdots\cdots \\ b_{n-k,1}x_1 + b_{n-k,2}x_2 + \cdots + b_{n-k,n}x_n = 0, b_{ij} \in F_p \end{cases}$$

的全部解 $(x_1, x_2, \cdots, x_n) \in F_p^n$. 这个线性方程组的系数矩阵

$$H = \begin{bmatrix} b_{11} & b_{12} & \cdots & b_{1n} \\ \vdots & \vdots & & \vdots \\ b_{n-k,1} & b_{n-k,2} & \cdots & b_{n-k,n} \end{bmatrix}$$

是 F_p 上$(n-k)$行 n 列的矩阵,叫做线性码 C 的一个**校验矩阵**. 由于上面 $n-k$ 个方程是线性无关的,可知矩阵 $\boldsymbol{H}$ 的秩 $\operatorname{rank}(\boldsymbol{H})$为 $n-k$.

利用校验矩阵 $\boldsymbol{H}$,前面的方程组可以表成

$\boldsymbol{H}(x_1,\cdots,x_n)^{\mathrm{T}}=\boldsymbol{0}^{\mathrm{T}}$(长为 $n-k$ 的全零列向量),

而线性码的码字恰好是这个齐次线性方程组的解. 所以在收到一个向量 $\boldsymbol{y}=(\boldsymbol{y}_1,\cdots,\boldsymbol{y}_n)\in F_p^n$ 之后,收方判别 $\boldsymbol{y}$ 是否为 C 中码字,只需计算 $\boldsymbol{H}\boldsymbol{y}^{\mathrm{T}}$,因为 $\boldsymbol{y}$ 为码字当且仅当 $\boldsymbol{H}\boldsymbol{y}^{\mathrm{T}}=\boldsymbol{0}^{\mathrm{T}}$(或者 $\boldsymbol{y}\boldsymbol{H}^{\mathrm{T}}=\boldsymbol{0}$). 这就是为什么 $\boldsymbol{H}$ 叫做校验矩阵.

现在给出线性码生成矩阵和校验矩阵之间的关系.

定理 2.1.1 设 C 是参数为$[n,k]$的 p 元线性码.

(1) 若 $\boldsymbol{G}$ 是 C 的一个生成矩阵,而 $\boldsymbol{H}$ 是 F_p 上一个$(n-k)$行 n 列的矩阵. 则 $\boldsymbol{H}$ 是 C 的一个校验矩阵当且仅当 $\operatorname{rank}(\boldsymbol{H})=n-k$,并且 $\boldsymbol{H}\boldsymbol{G}^{\mathrm{T}}=\boldsymbol{0}_{n-k,k}$($n-k$ 行 k 列的零矩阵).

(2) 若 $\boldsymbol{H}$ 是 C 的一个校验矩阵,$\boldsymbol{G}$ 是 F_p 上一个 k 行 n 列的矩阵,则 $\boldsymbol{G}$ 是 C 的一个生成阵当且仅当 $\operatorname{rank}(\boldsymbol{G})=k$ 并且 $\boldsymbol{H}\boldsymbol{G}^{\mathrm{T}}=\boldsymbol{0}_{n-k,k}$.

(3) 若

$$\boldsymbol{G}=(\boldsymbol{I}_k\boldsymbol{P}),\quad \boldsymbol{H}=(-\boldsymbol{P}^{\mathrm{T}}\boldsymbol{I}_{n-k}),$$

其中,$\boldsymbol{P}$ 是 F_p 上的 k 行 $n-k$ 列矩阵,$\boldsymbol{I}_k$ 和 $\boldsymbol{I}_{n-k}$ 分别是 k 阶和 $n-k$ 阶单位方阵. 则 $\boldsymbol{G}$ 是 C 的一个生成矩阵当且仅当 $\boldsymbol{H}$ 是 C 的一个校验矩阵.

证明 考虑线性映射

$$f:F_p^n\to F_p^{n-k},\quad f(\boldsymbol{x})=\boldsymbol{H}\boldsymbol{x}^{\mathrm{T}},$$

$$\boldsymbol{x}=(x_1,\cdots,x_n)\in F_p^n,$$

$\boldsymbol{0}\in F_p^{n-k}$ 的原象叫做 f 的核,表示成 $\ker(f)$,这是 F_p^n 的向量子空间,即

$$\ker(f)=\{\boldsymbol{v}\in F_p^n\mid f(\boldsymbol{v})=\boldsymbol{0}\in F_p^{n-k}\}.$$

由定义可以看出 $\boldsymbol{H}$ 是 C 的校验矩阵⇔对每个 $\boldsymbol{v}\in F_p^n$, $\boldsymbol{v}\in C$ 当且仅当 $f(\boldsymbol{v})=\boldsymbol{H}\boldsymbol{v}^{\mathrm{T}}=\boldsymbol{0}$ ⇔ $\ker(f)=C$.

(1) 如果 $\boldsymbol{H}$ 是 C 的校验矩阵,则 $\mathrm{rank}(\boldsymbol{H})=n-k$,并且由于生成矩阵 $\boldsymbol{G}$ 的每行都是 C 中码字,可知 $\boldsymbol{H}\boldsymbol{G}^{\mathrm{T}}=\boldsymbol{0}$. 反之,若 $\boldsymbol{G}$ 是 C 的生成矩阵,$\boldsymbol{H}\boldsymbol{G}^{\mathrm{T}}=\boldsymbol{0}$ 并且 $\mathrm{rank}(\boldsymbol{H})=n-k$. 由 $\boldsymbol{H}\boldsymbol{G}^{\mathrm{T}}=\boldsymbol{0}$ 知 $\boldsymbol{G}$ 的每行都属于 $\ker(f)$,由于生成矩阵 $\boldsymbol{G}$ 的 k 行是线性码的一组基,从而 $C\subseteq\ker(f)$. 另一方面,由 $\mathrm{rank}(f)=n-k$ 等于象空间 $I_m(f)$ 的维

数 $\dim I_m(f)$，而线性代数给出

$$\dim I_m(f)+\dim\ker(f)=\dim(F_p^n)=n,$$

所以 $\dim\ker(f)=n-(n-k)=k=\dim(C)$，这就表明 $C=\ker(f)$. 从而 $\boldsymbol{H}$ 是 C 的校验矩阵.

(2) 设 $\boldsymbol{H}$ 是 C 的校验矩阵. 如果 $\boldsymbol{G}$ 是 C 的生成矩阵，则 $\mathrm{rank}(\boldsymbol{G})=k$ 并且 $\boldsymbol{H}\boldsymbol{G}^{\mathrm{T}}=\boldsymbol{0}$. 反过来，设 $\mathrm{rank}(\boldsymbol{G})=k$ 并且 $\boldsymbol{H}\boldsymbol{G}^{\mathrm{T}}=\boldsymbol{0}$，则 $\boldsymbol{G}$ 的诸行属于 C，再由 $\mathrm{rank}(\boldsymbol{G})=k$ 可知 $\boldsymbol{G}$ 的 k 行是线性无关的，从而它们是线性码 C 的一组基，所以 $\boldsymbol{G}$ 是 C 的生成矩阵.

(3) 当 $\boldsymbol{G}=(\boldsymbol{I}_k\boldsymbol{P})$，$\boldsymbol{H}=(-\boldsymbol{P}^{\mathrm{T}}\boldsymbol{I}_{n-k})$ 时，易知 $\mathrm{rank}(\boldsymbol{G})=k$，$\mathrm{rank}(\boldsymbol{H})=n-k$，并且

$$\boldsymbol{H}\boldsymbol{G}^{\mathrm{T}}=(-\boldsymbol{P}^{\mathrm{T}}\boldsymbol{I})\begin{pmatrix}\boldsymbol{I}\\ \boldsymbol{P}^{\mathrm{T}}\end{pmatrix}=-\boldsymbol{P}^{\mathrm{T}}+\boldsymbol{P}^{\mathrm{T}}=\boldsymbol{0},$$

然后由(1)和(2)即得(3)中结论. 证毕.

例 2.1.1 对于例 1.1.2 中的重复码

$$C=\{(a_1a_2a_3a_1a_2a_3a_1a_2a_3)\in F_2^9 \mid a_1,a_2,a_3\in F_2\},$$

参数为 $[n,k]=[9,3]$. 这是线性码，纠错编码的映射为 $\varphi: F_2^3\to F_2^9$，其中，

$$\begin{aligned}(a_1a_2a_3a_1a_2a_3a_1a_2a_3)&=\varphi(a_1,a_2,a_3)\\&=(a_1,a_2,a_3)(\boldsymbol{I}_3\boldsymbol{I}_3\boldsymbol{I}_3),\end{aligned}$$

所以 $\boldsymbol{G}=(\boldsymbol{I}_3\boldsymbol{I}_3\boldsymbol{I}_3)=(\boldsymbol{I}_3\boldsymbol{P})$ 是 C 的一个生成矩阵，$\boldsymbol{P}=(\boldsymbol{I}_3\boldsymbol{I}_3)$. 由定理 2.1.1(3)可知

$$\boldsymbol{H}=(\boldsymbol{P}^{\mathrm{T}}\boldsymbol{I}_6)=\begin{bmatrix}\boldsymbol{I}_3 & \\ & \boldsymbol{I}_6 \\ \boldsymbol{I}_3 & \end{bmatrix}$$

便是 C 的一个校验矩阵. 换句话说，F_2^9 中向量 $\boldsymbol{v}=(v_1,\cdots,v_9)$ 是 C 中的码字当且仅当 $\boldsymbol{H}\boldsymbol{v}^{\mathrm{T}}=\boldsymbol{0}$，即当且仅当 $v_1=v_4=v_7$，$v_2=v_5=v_8$，$v_3=v_6=v_9$.

例 2.1.2 考虑 F_2 上的矩阵

$$\boldsymbol{G}=\begin{bmatrix}0&0&1&0&1&1&1\\1&0&0&1&0&1&1\\1&1&0&0&1&0&1\\1&1&1&1&1&1&1\end{bmatrix}.$$

这是例 1.2.1 中二元线性码 C 的生成矩阵，$[n,k]=[7,4]$. 现在求 C 的一个校验矩阵. $\boldsymbol{G}$ 的 4 个行向量为 C 的一组基，所以它们的线性组合都是 C 中码字. 因此 C 中有如下的码字：

(1000110)　($\boldsymbol{G}$ 的 4 行之和)，

(0100011)　($\boldsymbol{G}$ 的第 1,2,4 行之和)，

(0010111)　($\boldsymbol{G}$ 的第 1 行)，

(0001101)　($\boldsymbol{G}$ 的第 1,3,4 行之和)，

这 4 个码字是线性无关的，所以它们也是 C 的

一组基. 从而 **C** 又有生成矩阵

$$\boldsymbol{G}' = \begin{bmatrix} 1\,0\,0\,0\,1\,1\,0 \\ 0\,1\,0\,0\,0\,1\,1 \\ 0\,0\,1\,0\,1\,1\,1 \\ 0\,0\,0\,1\,1\,0\,1 \end{bmatrix} = [\boldsymbol{I}_4\boldsymbol{P}], \quad \boldsymbol{P} = \begin{bmatrix} 1\,1\,0 \\ 0\,1\,1 \\ 1\,1\,1 \\ 1\,0\,1 \end{bmatrix},$$

所以由定理 2.1.1 的(3),

$$\boldsymbol{H} = [\boldsymbol{P}^{\mathrm{T}} \quad \boldsymbol{I}_3] = \begin{bmatrix} 1011 & 100 \\ 1110 & 010 \\ 0111 & 001 \end{bmatrix}$$

便是 C 的一个校验矩阵.

习　题　2.1

1. 证明 F_p^n 中的子集合

$C = \{(a_1a_2\cdots a_n) \in F_p^n \mid a_1 + a_2 + \cdots + a_n = 0\}$

是 F_p 上码长为 n 的线性码. 求此码的信息位数 k 和最小距离 d. 给出 C 的一个生成矩阵和校验矩阵.

2. 设 C_1 和 C_2 是 p 元线性码,参数分别为 $[n_1, k_1, d_1]$ 和 $[n_2, k_2, d_2]$. 证明

(1) $C_1 \oplus C_2 = \{(\boldsymbol{c}_1, \boldsymbol{c}_2) \in F_p^{n_1+n_2} \mid \boldsymbol{c}_1 \in C_1,$

$\boldsymbol{c}_2\in C_2\}$是 p 元线性码. 求这个线性码的基本参数$[n,k,d]$.

(2) 如何由 C_1 和 C_2 的生成矩阵 $\boldsymbol{G}_1$ 和 $\boldsymbol{G}_2$ 来构造 $C_1\oplus C_2$ 的一个生成矩阵? 如何由 C_1 和 C_2 的校验矩阵 $\boldsymbol{H}_1$ 和 $\boldsymbol{H}_2$ 来构造 $C_1\oplus C_2$ 的一个校验矩阵?

3. (1) 证明 F_3 上矩阵 $\boldsymbol{H}=\begin{bmatrix}0&1&1&2\\1&1&0&0\end{bmatrix}$的秩为 2.

(2) 设 C 是以 $\boldsymbol{H}$ 为校验矩阵的 3 元线性码. 求 C 的一个生成矩阵,决定 C 的参数$[n,k,d]$.

(3) 给出线性码 C 所有可能的生成矩阵**线性码的等价**.

4. 设 $\boldsymbol{G}$ 是线性码 C 的一个生成矩阵. 将 $\boldsymbol{G}$ 的任意两列交换位置而其余列不变,得到一个新的矩阵 $\boldsymbol{G}'$. 证明以 $\boldsymbol{G}'$为生成矩阵的线性码和 C 等价(关于纠错码等价的定义,见 1.2 节习题 5～7).

5. 设 $\boldsymbol{G}$ 是 p 元线性码 C 的一个生成矩阵. 将 $\boldsymbol{G}$ 的某一列乘上 F_p 中一个非零元素而其余列不变,得到一个新的矩阵 $\boldsymbol{G}'$. 证明以 $\boldsymbol{G}'$ 为生成矩阵的线性码和 C 等价.

6. 设 C 是参数为 $[n,k,d]$ 的二元线性码，d 为奇数.

(1) 证明 C 的扩充码

$$C'=\{(a_1,\cdots,a_n,a_{n+1})\in F_2^{n+1}\mid (a_1,\cdots,a_n)\in C,a_{n+1}=a_1+\cdots+a_n\}$$

是二元线性码，并且参数为 $[n+1,k,d+1]$.

(2) 如何由 C 的生成矩阵给出 C' 的生成矩阵？如何由 C 的校验矩阵给出 C' 的校验矩阵？

7. 设 C 是参数 $[n,k,d]$ 的一个 p 元线性码，并且 $d\geqslant 2$.

(1) 证明 C 的收缩码

$$C'=\{(a_1,\cdots,a_{n-1})\in F_2^{n-1}\mid (0,a_1,\cdots,a_{n-1})\in C\}$$

是 p 元线性码，并且 C' 的参数为 $[n-1,k-1,d']$，其中 $d'\geqslant d$. 如何由 C 的一个生成矩阵给出 C' 的生成矩阵？如何由 C 的一个校验矩阵给出 C' 的校验矩阵？

(2) 证明 C 的限制码

$C''=\{(a_1,\cdots,a_{n-1})\in F_2^{n-1}\mid$ 存在 $a_n\in F_2$，使得 $(a_1,\cdots,a_{n-1},a_n)\in C\}$ 是 p 元线性码，并且 C'' 的参数为 $[n-1,k,d'']$，其中 $d''\geqslant d-1$. 如何由 C 的一个生成矩阵给出 C'' 的生成矩阵？

8. 证明 F_2^6 中的子集合 $C=\{(000000),(101010),(010101),(111111)\}$ 是线性码. 求此码的一个生成矩阵和校验矩阵.

2.2 汉　明　码

本节的目标是给出一系列线性完全码，叫做汉明码(Hamming code).

在 2.1 节知道，给了线性码的一个生成矩阵 $\boldsymbol{G}$ 或者一个校验矩阵 $\boldsymbol{H}$，可以决定这个线性码的参数$[n,k]$. 因为 n 和 k 分别是 $\boldsymbol{G}$ 的列数和行数，而 $\boldsymbol{H}$ 的列数和行数分别是 n 和 $n-k$. 一个重要的问题是：如何由 $\boldsymbol{G}$ 或者 $\boldsymbol{H}$ 来决定这个线性码的最小距离？已经知道，校验矩阵可以判别一个向量 $\boldsymbol{a}\in F_p^n$ 是否为码字(即 $\boldsymbol{H}\boldsymbol{a}^{\mathrm{T}}$ 是否为零向量). 现在给出校验矩阵$\boldsymbol{H}$ 的另一个功能，由 $\boldsymbol{H}$ 可决定最小距离. 为此，将 $\boldsymbol{H}$ 表成列向量的形式

$$\boldsymbol{H}=[\boldsymbol{u}_1^{\mathrm{T}},\boldsymbol{u}_2^{\mathrm{T}},\cdots,\boldsymbol{u}_n^{\mathrm{T}}],$$

$$\boldsymbol{u}_i=(u_{i1},u_{i2},\cdots,u_{i,n-k})\in F_p^{n-k},$$

$$1\leqslant i\leqslant n.$$

定理 2.2.1 设 C 是参数为$[n,k,d]$的 p

元线性码,则

(1) $\boldsymbol{H}$ 的任意 $d-1$ 个不同的列都是 F_p 上线性无关的;

(2) $\boldsymbol{H}$ 中存在 d 个不同的列,它们在 F_p 上线性相关.

证明 证明校验矩阵满足性质(1)和(2). 设 $\boldsymbol{c}=(c_1,\cdots,c_n)$是 C 中一个非零码字,$w(\boldsymbol{c})=l\geqslant 1$,则 $\boldsymbol{H}\boldsymbol{c}^{\mathrm{T}}=0$. 为了符号简单,不妨设 $\boldsymbol{c}$ 的前 l 个分量不为零,而其余分量为零,即 $\boldsymbol{c}=(c_1,\cdots,c_l,0,\cdots,0)$,其中 $c_i\neq 0(1\leqslant i\leqslant l)$. 于是

$$\begin{aligned}\boldsymbol{0}=\boldsymbol{H}\boldsymbol{c}^{\mathrm{T}}&=(\boldsymbol{u}_1^{\mathrm{T}},\cdots,\boldsymbol{u}_n^{\mathrm{T}})\begin{pmatrix}c_1\\ \vdots\\ c_l\\ 0\\ \vdots\\ 0\end{pmatrix}\\&=c_1\boldsymbol{u}_1^{\mathrm{T}}+\cdots+c_l\boldsymbol{u}_l^{\mathrm{T}}.\end{aligned}$$

这就表示 $\boldsymbol{u}_1,\cdots,\boldsymbol{u}_l$ 是线性相关的. 所以设 C 中有非零码字,汉明重量为 $l\geqslant 1$,若第 $i_1,\cdots,i_l$ 个分量不为零而其余分量为零,就得到 $\boldsymbol{H}$ 中第 $i_1,\cdots,i_l$ 列是线性相关的. 反过来推理可知,如果 C 中不存在汉明重量$\leqslant l$ 的非零码字,那么 $\boldsymbol{H}$ 中任意 l 列都是线性无关的. 由于 d 是线性码 C 中非零码字汉明重量的最小值,便可知道定

理中的性质(1)和(2)成立. 因为 C 中不存在非零码字 $\boldsymbol{c}$ 使得 $w(\boldsymbol{c})\leqslant d-1$,这相当于说 $\boldsymbol{H}$ 的任何 $d-1$ 列都线性无关. 而 C 中存在汉明重量为 d 的码字,这相当于说 $\boldsymbol{H}$ 中存在线性相关的 d 个列. 证毕.

定理 2.2.1 表明如何由校验矩阵来决定一个线性码的最小距离. 可以换一个思考方式,即设法构造一个校验矩阵 $\boldsymbol{H}$,使得线性码具有任意给定的最小距离 d,这只需要将 $\boldsymbol{H}$ 构造成满足定理 2.2.1 中的条件(1)和(2),即使得 $\boldsymbol{H}$ 中任意 $d-1$ 列都线性无关(从而最小距离 $\geqslant d$),并且 $\boldsymbol{H}$ 中有线性相关的 d 个列(于是最小距离为 d).

例如,如果使线性码的最小距离 $d\geqslant 2$,它的校验矩阵的每列都不能线性相关,即每列都不能是零向量. 进而,$d=2$ 当且仅当 $\boldsymbol{H}$ 有两个不同的(非零)列向量 $\boldsymbol{u}$ 和 $\boldsymbol{u}'$ 是线性相关的,即存在 $0\neq a\in F_p$,使得 $\boldsymbol{u}=a\boldsymbol{u}'$(两个非零列向量成比例).

再谈定理 2.2.1 的一个简单的应用. 已经知道一个纠错码满足 Singleton 界:$n\geqslant k+d-1$. 如果 C 是线性码,参数为$[n,k,d]$,可以用比定理 1.3.2 更简单的方法证明这个不等式:由

于 $\boldsymbol{C}$ 的校验矩阵 $\boldsymbol{H}$ 的秩为 $n-k$，可知 $\boldsymbol{H}$ 的任意 $n-k+1$ 列都是线性相关的. 由定理 2.2.1 便知 $d \leqslant n-k+1$，即 $n \geqslant k+d-1$.

现在用定理 2.2.1 来构造一批最小距离为 3 的二元码. 取 m 为正整数，$m \geqslant 2$，把长为 m 的 F_2^m 中所有非零列向量（共 2^m-1 个）组成一个 F_2 上 m 行 2^m-1 列的矩阵

$$\boldsymbol{H}_m = [\boldsymbol{u}_1^{\mathrm{T}}, \cdots, \boldsymbol{u}_n^{\mathrm{T}}],$$

$$n = 2^m - 1, \boldsymbol{u}_i \in F_2^m, \boldsymbol{u}_i \neq 0, 1 \leqslant i \leqslant n.$$

例如，$m=3$ 时可取

$$\boldsymbol{H}_3 = \begin{bmatrix} 1 & 0 & 1 & 1 & 1 & 0 & 0 \\ 1 & 1 & 1 & 0 & 0 & 1 & 0 \\ 0 & 1 & 1 & 1 & 0 & 0 & 1 \end{bmatrix}.$$

设 C_m 是以 $\boldsymbol{H}_m$ 为校验矩阵的二元线性码（注意 $\boldsymbol{H}_m$ 有单位阵 $\boldsymbol{I}_m$ 为它的子阵，从而 $\mathrm{rank}(\boldsymbol{H}_m)=m$）. 于是 C_m 的码长为 $n=2^m-1$，而 $\boldsymbol{H}_m$ 的行数 m 等于 $n-k$，所以 C_m 的信息位数为 $k=n-m=2^m-1-m$. $\boldsymbol{H}_m$ 的每列都是非零向量，并且任意两个不同列的向量都不相等，所以在 F_2 上 $\boldsymbol{H}$ 的任意两列都线性无关. 于是 C_m 的最小距离 $d \geqslant 2$. 进而设 $\boldsymbol{u}$ 和 $\boldsymbol{u}'$ 是 $\boldsymbol{H}$ 中两个不同列的向量，则 $\boldsymbol{u}+\boldsymbol{u}' \neq \boldsymbol{0}$，所以 $\boldsymbol{u}+\boldsymbol{u}'$ 是 $\boldsymbol{H}$ 中某个列 $\boldsymbol{u}''$

(因为所有非零向量都已列在 $\boldsymbol{H}$ 之中). 于是 $\boldsymbol{u}+\boldsymbol{u}'+\boldsymbol{u}''=\boldsymbol{0}$. 这表明 $\boldsymbol{H}$ 中有 3 列是线性相关的. 由定理 2.2.1 可知 $d=3$. 于是证明了二元线性码 C_m 的参数为 $[n,k,d]=[2^m-1,2^m-1-m,3]$.

这些码 $C_m(m\geqslant 2)$都是完全码,因为

$$\sum_{i=0}^{\left[\frac{d-1}{2}\right]}\binom{n}{i}=\sum_{i=0}^{1}\binom{n}{i}=1+n=2^m=2^{n-k}.$$

于是给出了一批二元完全码 $C_m(m\geqslant 2)$. 它们叫做二元汉明码.

可以把(10…0),(010…0),…,(0…01)的转置放在 $\boldsymbol{H}_m$ 的最后 m 列,从而有形式 $\boldsymbol{H}_m=[\boldsymbol{P}\boldsymbol{I}_m]$. 于是 C_m 的生成阵为 $\boldsymbol{G}_m=[\boldsymbol{I}_k\boldsymbol{P}^{\mathrm{T}}]$. 例如,对于前面给出的 $\boldsymbol{H}_3=[\boldsymbol{P}\boldsymbol{I}_3]$,其中

$$\boldsymbol{P}=\begin{bmatrix}1&0&1&1\\1&1&1&0\\0&1&1&1\end{bmatrix}.$$

于是参数为$[n,k,d]=[7,4,3]$的二元汉明码 C_3 有生成矩阵

$$\boldsymbol{G}_3=[\boldsymbol{I}_4\boldsymbol{P}^{\mathrm{T}}]=\begin{bmatrix}1&0&0&0&1&1&0\\0&1&0&0&0&1&1\\0&0&1&0&1&1&1\\0&0&0&1&1&0&1\end{bmatrix}.$$

由这个生成阵不难看出,C_3 就是例 1.2.1 中的那个二元码.

现在以二元汉明码 C_m 作为例子,说明校验阵 $\boldsymbol{H}_m$ 还有另一个功能:用来纠错. 由于$d=3$,所以码 C_m 可以纠 1 位错.

设发方发出码字 $\boldsymbol{c}\in C_m$. 信道中出现至多 1 位错误 $\boldsymbol{\varepsilon}$,即 $\boldsymbol{\varepsilon}\in F_2^n$,$w(\boldsymbol{\varepsilon})\leqslant 1$. 若 $w(\boldsymbol{\varepsilon})=1$,设 $\boldsymbol{\varepsilon}$ 的第 i 个分量为 1,而其余分量为 0. 收方得到向量 $\boldsymbol{y}=\boldsymbol{c}+\boldsymbol{\varepsilon}$. 然后作运算 $\boldsymbol{H}_m\boldsymbol{y}^{\mathrm{T}}=\boldsymbol{H}_m(\boldsymbol{c}^{\mathrm{T}}+\boldsymbol{\varepsilon}^{\mathrm{T}})$. 由于 $\boldsymbol{c}$ 是码字,$\boldsymbol{H}_m\boldsymbol{c}^{\mathrm{T}}=\boldsymbol{0}$. 所以 $\boldsymbol{H}_m\boldsymbol{y}^{\mathrm{T}}$ 事实上为 $\boldsymbol{H}_m\boldsymbol{\varepsilon}^{\mathrm{T}}$. 但是 $\boldsymbol{\varepsilon}$ 只有第 i 个分量为 1,因此 $\boldsymbol{H}_m\boldsymbol{\varepsilon}^{\mathrm{T}}$ 就是 $\boldsymbol{H}_m$ 的第 i 列. 这就给出如下一个方便的译码算法:

假设信道最多发生 1 位错误,

(1) 收方收到 $\boldsymbol{y}$ 之后,计算 $\boldsymbol{a}^{\mathrm{T}}=\boldsymbol{H}_m\boldsymbol{y}^{\mathrm{T}}$;

(2) 如果 $\boldsymbol{a}=\boldsymbol{0}$,则 $\boldsymbol{y}$ 是正确的码字,即信道无错. 如果 $\boldsymbol{a}^{\mathrm{T}}\neq\boldsymbol{0}$,则 $\boldsymbol{a}^{\mathrm{T}}$ 必是校验阵 $\boldsymbol{H}_m$ 的某列. 设 $\boldsymbol{a}^{\mathrm{T}}$ 是 $\boldsymbol{H}_m$ 的第 i 列($1\leqslant i\leqslant n$),则 $\boldsymbol{y}$ 的第 i 位出错. 把 $\boldsymbol{y}$ 的第 i 位由 0 改成 1,或由 1 改成 0,其他位不变,便是发出的码字.

例如,对于 $m=3$ 的情形. 假设发出码字 $\boldsymbol{c}=(0101110)$(它是生成矩阵 $\boldsymbol{G}_3$ 中第 2 行和第 4 行之和),信道出现 1 位错误 $\boldsymbol{\varepsilon}=(0100000)$.

收方得到的向量为 $\boldsymbol{y}=\boldsymbol{c}+\boldsymbol{\varepsilon}=(0001110)$. 收方现在进行纠错译码. 先计算

$$\boldsymbol{a}^{\mathrm{T}}=\boldsymbol{H}_3\boldsymbol{y}^{\mathrm{T}}=\begin{bmatrix}1&0&1&1&1&0&0\\1&1&1&0&0&1&0\\0&1&1&1&0&0&1\end{bmatrix}\begin{bmatrix}0\\0\\0\\1\\1\\1\\0\end{bmatrix}=\begin{bmatrix}0\\1\\1\end{bmatrix},$$

右边为 $\boldsymbol{H}_3$ 的第 2 列,所以第 2 位出错. 将 $\boldsymbol{y}$ 的第 2 位 0 改成 1,便正确地得到发出码字 $\boldsymbol{c}$.

如果一个 p 元码 C 的最小距离 $d=2l+1$, 则可以纠正 $\leqslant l$ 位的错误. 可以类似地用校验矩阵 $\boldsymbol{H}$ 来纠错. 设发出的码字为 $\boldsymbol{c}\in C$,错误向量为 $\boldsymbol{\varepsilon}$, $w(\boldsymbol{\varepsilon})\leqslant l$,即 $\boldsymbol{\varepsilon}$ 的分量只有 $\leqslant l$ 个不为零. 收到向量为 $\boldsymbol{y}=\boldsymbol{c}+\boldsymbol{\varepsilon}$. 于是 $\boldsymbol{H}\boldsymbol{y}^{\mathrm{T}}=\boldsymbol{H}(\boldsymbol{c}^{\mathrm{T}}+\boldsymbol{\varepsilon}^{\mathrm{T}})=\boldsymbol{H}\boldsymbol{\varepsilon}^{\mathrm{T}}$. 所以 $\boldsymbol{H}\boldsymbol{y}^{\mathrm{T}}$ 是 $\boldsymbol{H}$ 中不超过 l 列的线性组合,依次看 $\boldsymbol{H}$ 中 $\leqslant l$ 列,看哪些列的组合为 $\boldsymbol{H}\boldsymbol{y}^{\mathrm{T}}$. 假设

$$\boldsymbol{H}\boldsymbol{y}^{\mathrm{T}}=a_1\boldsymbol{u}_{i_1}+a_2\boldsymbol{u}_{i_2}+\cdots+a_t\boldsymbol{u}_{i_t},$$

其中,$\boldsymbol{u}_{i_1},\cdots,\boldsymbol{u}_{i_t}$ 分别是 $\boldsymbol{H}$ 的第 $i_1,\cdots,i_t$ 列($t\leqslant l$),而 $a_1,\cdots,a_t$ 是 F_p 中非零元素,则 $i_1,\cdots,i_t$

是错位，ε 在这些位上的值分别为 $a_1, \cdots, a_t$（错值），ε 的其他分量为 0. 所以将 y 的第 $i_1, \cdots, i_t$ 位分别减去 $a_1, \cdots, a_t$，就得到正确的码字 $c(=y-\varepsilon)$.

例 2.2.1 设 C 是 F_7 上一矩阵

$$\boldsymbol{H}=\begin{bmatrix}1&1&1&1&1&1&1\\0&1&2&3&4&5&6\\0&1^2&2^2&3^2&4^2&5^2&6^2\\0&1^3&2^3&3^3&4^3&5^3&6^3\end{bmatrix}$$

$$=\begin{bmatrix}1&1&1&1&1&1&1\\0&1&2&3&4&5&6\\0&1&4&2&2&4&1\\0&1&1&6&1&1&6\end{bmatrix}$$

为校验阵的 7 元线性码. $\boldsymbol{H}$ 中任意 4 列构成方阵，其行列式为范德蒙德行列式，值为 F_7 中非零元素. 于是 $\boldsymbol{H}$ 的秩为 4，并且 $\boldsymbol{H}$ 的任 4 列均线性无关. 这表明对于以 $\boldsymbol{H}$ 为校验矩阵的 F_7 上线性码 C，它的参数为 $n=7, k=7-4=3, d\geqslant 5$. 再由 Singleton 界知 $d\leqslant n-k+1=5$. 于是 $d=5$，从而线性码 C 可以纠正$\leqslant$2 位错.

设收方得到 $\boldsymbol{y}=(1240560)\in F_7^7$，并且假设错位个数$\leqslant$2. 收方计算

$$\boldsymbol{H}\boldsymbol{y}^{\mathrm{T}}=\begin{bmatrix}4\\4\\3\\5\end{bmatrix}\neq\mathbf{0}.$$

由于

$$\begin{bmatrix}4\\4\\3\\5\end{bmatrix}=\begin{bmatrix}1\\2\\4\\1\end{bmatrix}+3\begin{bmatrix}1\\3\\2\\6\end{bmatrix}$$

即是 $\boldsymbol{H}$ 的第 3 列和第 4 列的 3 倍之和. 于是 $\boldsymbol{\varepsilon}=(0013000)$,即错位为 3 和 4,错值分别为 1 和 3. 所以发出的码字为 $\boldsymbol{c}=\boldsymbol{y}-\boldsymbol{\varepsilon}=(1240560)-(0013000)=(1234560)$.

现在再回到汉明码,试图将 2 元情形推广到一般的 p 元情形,其中 p 是任意素数. 仍希望构造 $d=3$ 的 p 元线性码,所以校验矩阵的每列都应当是非零向量,并且任意两个不同的列都应当线性无关,即彼此不能相差一个非零常数因子. 对于 $m\geqslant 2$,若 u 是 F_p^m 中一个非零向量,则 $p-1$ 个向量 $\alpha\boldsymbol{u}(1\leqslant\alpha\leqslant p-1)$当中只能取一个代表作为校验矩阵 $\boldsymbol{H}$ 的一列. F_p^m 中非零向量共有 p^m-1 个,每 $p-1$ 个彼此相差常数倍的向量当中取一个代表，一共有 $n=\frac{p^m-1}{p-1}$ 个代表向量. 把这 n 个代表向量作为列向量，得到一个矩阵 H_m，这是 F_p 上一个 m 行 n 列的矩阵. 与2元情形类似，$\boldsymbol{H}_m$ 的秩为 m. 用 C_m 表示以 $\boldsymbol{H}_m$ 为校验矩阵的 p 元线性码，它的参数为 $[n,k,d]=\left[\frac{p^m-1}{p-1},\frac{p^m-1}{p-1}-m,3\right]$. 这些 p 元线性码都叫做**汉明码**. 它们都是完全码，因为

$$\sum_{i=0}^{1}(p-1)^i\binom{n}{i}=1+(p-1)n=1+p^m-1$$

$$=p^m=p^{n-k}.$$

以 $m=2$, $p=3$ 为例，非零向量 (a_1,a_2) 和 $(2a_1,2a_2)\in F_3^2$ 当中只取一个为代表，$\frac{p^m-1}{p-1}=\frac{3^2-1}{3-1}=4$ 个代表向量作为列向量构成三元汉明码 C_3 的校验矩阵

$$H_3=\begin{bmatrix}1&1&1&0\\2&1&0&1\end{bmatrix}=(P\quad I_2),$$

而生成矩阵为

$$\boldsymbol{G}_3=(\boldsymbol{I}_2\quad -\boldsymbol{P}^{\mathrm{T}})=\begin{bmatrix}1&0&2&1\\0&1&2&2\end{bmatrix}.$$

这个码 C_3 的参数为 $[n,k,d]=[4,2,3]$，它不仅

是完全码(达到汉明界),而且还是 MDS 码(达到 Singleton 界 $n=k+d-1$).

现在设信道最多产生 1 位错误. 如果收方收到向量 $\boldsymbol{y}=(1011)$,收方计算

$$\boldsymbol{H}_3\boldsymbol{y}^{\mathrm{T}}=\begin{bmatrix}1&1&1&0\\2&1&0&1\end{bmatrix}\begin{bmatrix}1\\0\\1\\1\end{bmatrix}=\begin{bmatrix}2\\0\end{bmatrix},$$

这是 $\boldsymbol{H}_3$ 中第 3 列的 2 倍. 所以错位为第 3 位,错值为 2,即错误向量为 $\boldsymbol{\varepsilon}=(0020)$. 将 $\boldsymbol{y}$ 的第 3 位减去 2,便得到发出的码字(1021).

将在 2.4 节介绍另外一种重要的完全码. 但是在这之前,需要讲述线性码的一个重要的性质:对偶性.

习　题　2.2

1. 设 C 是以 F_3 上的矩阵

$$\boldsymbol{H}=\begin{bmatrix}1&0&0&0&2\\0&1&0&1&0\\0&0&1&2&1\end{bmatrix}$$

为校验矩阵的二元线性码，

(1) 求线性码 C 的参数$[n,k,d]$和它的一个生成矩阵.

(2) 设收方得到向量 $\boldsymbol{y}=(01110)$，并且至多只有 1 位错误，将它译成正确的码字.

2. 对于例 2.2.1 中的 F_7 上线性码 C，假设收到如下的向量 $\boldsymbol{y}\in F_7^7$，并且错位数不超过 2，试将它译成正确的码字.

(1) $\boldsymbol{y}=(0006560)$.

(2) $\boldsymbol{y}=(0205620)$.

2.3 线性码的对偶性

定义 2.3.1 设 $\boldsymbol{a}=(a_1,\cdots,a_n)$ 和 $\boldsymbol{b}=(b_1,\cdots,b_n)$是 F_p^n 中的向量. $\boldsymbol{a}$ 和 $\boldsymbol{b}$ 的**内积**定义为

$$(\boldsymbol{a},\boldsymbol{b})=\boldsymbol{a}\boldsymbol{b}^{\mathrm{T}}=\sum_{i=1}^{n}a_ib_i\in F_p.$$

容易验证内积有如下性质.

(1) (对称性) $(\boldsymbol{a},\boldsymbol{b})=(\boldsymbol{b},\boldsymbol{a})$;

(2) (双线性) 若 $\alpha,\beta\in F_p$，$\boldsymbol{a},\boldsymbol{b},\boldsymbol{c}\in F_p^n$，则

$$(\alpha\boldsymbol{a}+\beta\boldsymbol{b},\boldsymbol{c})=\alpha(\boldsymbol{a},\boldsymbol{c})+\beta(\boldsymbol{b},\boldsymbol{c}).$$

如果$(\boldsymbol{a},\boldsymbol{b})=0$,称$\boldsymbol{a}$和$\boldsymbol{b}$正交. 这里要注意有限域和通常实数域$\mathbb{R}$上内积的区别. 对于通常实向量空间$\mathbb{R}^n$中的非零向量$\boldsymbol{a}=(a_1,\cdots,a_n)(a_i\in\mathbb{R})$,$\boldsymbol{a}$和自身的内积$(\boldsymbol{a},\boldsymbol{a})=\sum_{i=1}^{n}a_i^2$为正实数(它的正平方根是向量$\boldsymbol{a}$的长度). 特别地,非零实向量不可能和自己正交(即垂直). 但是在有限域上,一个非零向量可以自正交. 例如,对于$\boldsymbol{a}=(1,1)\in F_2^2,(\boldsymbol{a},\boldsymbol{a})=1\cdot1+1\cdot1=0\in F_2$.

设C是一个p元线性码,参数为$[n,k,d]$. 从而C是F_p^n的一个k维向量子空间. 考虑F_p^n中的如下子集合:

$$C^{\perp}=\{\boldsymbol{a}\in F_p^n \mid 对每个\ \boldsymbol{c}\in C,\ 均有(\boldsymbol{a},\boldsymbol{c})=0\},$$

即$C^{\perp}$是与C中所有码字都正交的那些向量所组成的集合.

引理 2.3.1 若C是参数为$[n,k]$的p元线性码,则$C^{\perp}$也是p元线性码,码长和信息位数分别为n和$n-k$.

证明 设$\alpha,\beta\in F_p,\boldsymbol{a},\boldsymbol{b}\in C^{\perp}$. 则对每个$\boldsymbol{c}\in C,(\boldsymbol{a},\boldsymbol{c})=(\boldsymbol{b},\boldsymbol{c})=0$. 由内积的性质(2),可知

$$(\alpha\boldsymbol{a}+\beta\boldsymbol{b},\boldsymbol{c})=\alpha(\boldsymbol{a},\boldsymbol{c})+\beta(\boldsymbol{b},\boldsymbol{c})=0,\quad 对每个\ \boldsymbol{c}\in C.$$

于是 $\alpha\boldsymbol{a}+\beta\boldsymbol{b}\in C^{\perp}$. 这就表明 $C^{\perp}$ 是 F_p^n 的向量子空间,即 $C^{\perp}$ 是 p 元线性码. $C^{\perp}$ 的码长显然为 n.

现在设 $\boldsymbol{v}_1,\cdots,\boldsymbol{v}_k$ 是线性码 C 的一组基,则

$$\boldsymbol{G}=\begin{bmatrix}\boldsymbol{v}_1\\ \vdots\\ \boldsymbol{v}_k\end{bmatrix}$$

是 C 的一个生成矩阵. 对于每个向量 $\boldsymbol{v}\in F_p^n$, $\boldsymbol{v}$ 属于 $C^{\perp}$ 当且仅当 $\boldsymbol{v}$ 与 C 中每个码字都正交. 由内积的双线性性质(2)可知,这相当于 $\boldsymbol{v}$ 和每个基向量 $\boldsymbol{v}_i(1\leqslant i\leqslant k)$ 正交,即 $\boldsymbol{G}\boldsymbol{v}^{\mathrm{T}}=\boldsymbol{0}$. 所以 $C^{\perp}$ 就是满足 $\boldsymbol{G}\boldsymbol{v}^{\mathrm{T}}=\boldsymbol{0}$ 的那些向量 $\boldsymbol{v}^{\mathrm{T}}$ 组成的线性码. 由于 $\mathrm{rank}(\boldsymbol{G})=k$,可知 $C^{\perp}$ 的维数是 $n-k$. 证毕.

定义 2.3.2 设 C 是 p 元线性码,称 $C^{\perp}$ 为 C 的对偶码. 如果 $C\subseteq C^{\perp}$,称 C 为自正交码. 如果 $C=C^{\perp}$,称 C 为自对偶码.

由定义 2.3.2 可知,C 是自正交线性码当且仅当 C 中每个码字 $\boldsymbol{c}$ 都和 C 中所有码字正交. 如果 $\boldsymbol{v}_1,\cdots,\boldsymbol{v}_k$ 是 C 的一组基,则 C 是自正交码当且仅当 C 的每个码字 $\boldsymbol{c}$ 都和 $\boldsymbol{v}_1,\cdots,\boldsymbol{v}_k$ 正交,即 $(\boldsymbol{c},\boldsymbol{v}_i)=0(1\leqslant i\leqslant k)$. 又由于 C 中每个码字 $\boldsymbol{c}$ 都是基向量 $\boldsymbol{v}_1,\cdots,\boldsymbol{v}_k$ 的线性组合,所以最后得到

设 $\boldsymbol{v}_1,\cdots,\boldsymbol{v}_k$ 是线性码 C 的一组基，则 C 为自正交码当且仅当 $\boldsymbol{v}_1,\cdots,\boldsymbol{v}_k$ 中任意两个向量(包含每个 $\boldsymbol{v}_i$ 和它自身)都正交，即对任何 $1\leqslant i,j\leqslant k$，均有 $(\boldsymbol{v}_i,\boldsymbol{v}_j)=0$.

此外，若 C 是 F_p^n 中的自正交码并且维数为 k. 由 $C\subseteq C^{\perp}$ 可知 $k=\dim C\leqslant\dim C^{\perp}=n-k$. 所以 $k\leqslant\frac{n}{2}$. 特别地若 C 是自对偶码，即 $C=C^{\perp}$，则 $k=n-k$，因此 $k=\frac{n}{2}$. 所以只有当 n 是偶数时，F_p^n 中才存在自对偶码.

引理 2.3.2 设 C 为 F_p^n 中的 k 维线性码，则

(1) C 的生成矩阵是 $C^{\perp}$ 的校验矩阵，C 的校验矩阵是 $C^{\perp}$ 的生成矩阵.

(2) $C^{\perp}$ 的对偶码为 C，即 $(C^{\perp})^{\perp}=C$. 证毕.

证明 (1) 设 $\boldsymbol{G}$ 是 C 的生成矩阵，在引理 2.3.1 中已经证明了对于每个向量 $\boldsymbol{v}\in F_p^n$，$\boldsymbol{v}$ 属于 $C^{\perp}$ 当且仅当 $\boldsymbol{G}\boldsymbol{v}^{\mathrm{T}}=\boldsymbol{0}$. 这正好表明 $\boldsymbol{G}$ 是 $C^{\perp}$ 的校验矩阵. 设 $\boldsymbol{H}$ 是 C 的一个校验矩阵，则对于 C 中每个码字 $\boldsymbol{c}$，$\boldsymbol{H}\boldsymbol{c}^{\mathrm{T}}=\boldsymbol{0}$. 所以 $\boldsymbol{H}$ 的每一行都与 C 中所有码字 $\boldsymbol{c}$ 正交. 从而 $\boldsymbol{H}$ 的每个行向量都属于 $C^{\perp}$. 但是 $\boldsymbol{H}$ 的 $n-k$ 行是线性无关

的，而 $\boldsymbol{C}^{\perp}$ 的维数为 $n-k$，这表明 $\boldsymbol{H}$ 的 $n-k$ 个行向量是 $C^{\perp}$ 的一组基，所以 $\boldsymbol{H}$ 是 $C^{\perp}$ 的生成矩阵.

(2) 由(1)知 C 的生成矩阵 $\boldsymbol{G}$ 是 $C^{\perp}$ 的校验矩阵，从而 $\boldsymbol{G}$ 又是 $(C^{\perp})^{\perp}$ 的生成矩阵. 于是 $(C^{\perp})^{\perp}=C$. 证毕.

现在证明 MDS 线性码的对偶码仍是 MDS 码.

定理 2.3.1 设 C 是参数为 $[n,k,d]$ 的 p 元线性码，$\boldsymbol{G}$ 和 $\boldsymbol{H}$ 分别为码 C 的一个生成矩阵和校验矩阵，则以下 4 个条件彼此等价：

(1) C 是 MDS 码，即 $n=k+d-1$；

(2) $\boldsymbol{H}$ 中任意 $n-k$ 个不同的列都线性无关；

(3) $\boldsymbol{G}$ 中任意 k 个不同的列均线性无关；

(4) $C^{\perp}$ 是 MDS 码.

证明 (1)和(2)等价. 若 $n=k+d-1$，则 $d=n-k+1$，则 C 的校验矩阵 $\boldsymbol{H}$ 中任意 $n-k$ 个不同列都是线性无关的(定理 2.2.1). 反之，若 $\boldsymbol{H}$ 中任意 $n-k$ 列都线性无关，则 $d\geqslant n-k+1$. 但是 Singleton 界给出 $d\leqslant n-k+1$，所以 $d=n-k+1$. 这就证明了(1)和(2)是等价的.

(3)和(4)等价. 设 $C^{\perp}$ 的 3 个基本参数为

$[n^{\perp}, k^{\perp}, d^{\perp}]$，则 $n^{\perp}=n, k^{\perp}=n-k$. 所以

$$\begin{aligned} C^{\perp} \text{ 是 MDS 码} \Leftrightarrow d^{\perp} &= n^{\perp}-k^{\perp}+1 \\ &= n-(n-k)+1 \\ &= k+1 \\ &\Leftrightarrow G \text{ 的任意 } k \text{ 个不同列均线性无关.} \end{aligned}$$

最后一个推断是因为 $\boldsymbol{G}$ 为 $C^{\perp}$ 的校验矩阵. 这就证明了(3)和(4)等价.

最后证明(1)和(3)等价. 记

$$\boldsymbol{G}=\begin{bmatrix} \boldsymbol{v}_1 \\ \vdots \\ \boldsymbol{v}_k \end{bmatrix}=[\boldsymbol{u}_1^{\mathrm{T}}, \cdots, \boldsymbol{u}_n^{\mathrm{T}}],$$

其中，$\boldsymbol{v}_1, \cdots, \boldsymbol{v}_k$ 是线性码 C 的一组基，而 $\boldsymbol{u}_1, \cdots, \boldsymbol{u}_n \in F_p^k$. 如果 C 不是 MDS 码，即 $d \leqslant n-k$，则 C 中有非零码字 $\boldsymbol{c}=\alpha_1 \boldsymbol{v}_1+\cdots+\alpha_k \boldsymbol{v}_k$，使得 $1 \leqslant w_H(\boldsymbol{c}) \leqslant n-k$. 于是 $\boldsymbol{c}=(c_1, \cdots, c_n)$ 中至少有 k 位为零. 不妨设 $c_1=\cdots=c_k=0$，则

$$\begin{aligned} (c_1, \cdots, c_n) = \boldsymbol{c} &= (\alpha_1, \cdots, \alpha_k)\boldsymbol{G} \\ &= (\alpha_1, \cdots, \alpha_k)[\boldsymbol{u}_1^{\mathrm{T}}, \cdots, \boldsymbol{u}_n^{\mathrm{T}}]. \end{aligned}$$

由 $c_1=\cdots=c_k=0$ 给出 $(\alpha_1, \cdots, \alpha_k)u_i^T=0(1 \leqslant i \leqslant k)$. 由于 $c \neq 0$，可知 F_p 中元素 $\alpha_1, \cdots, \alpha_k$ 不全为 0，即齐次线性方程组 $(x_1, \cdots, x_k)\boldsymbol{u}_i^{\mathrm{T}}=0(1 \leqslant i \leqslant$

k)在F_p中有非零解$(x_1,\cdots,x_k)=(\alpha_1,\cdots,\alpha_k)$. 所以$\boldsymbol{G}$中前$k$列$\boldsymbol{u}_1^{\mathrm{T}},\cdots,\boldsymbol{u}_k^{\mathrm{T}}$是线性相关的. 反过来推理可以知道,若$\boldsymbol{G}$有$k$个不同的列是线性相关的,则$C$中有码字$\boldsymbol{c}$,使得$1\leqslant w_H(\boldsymbol{c})\leqslant n-k$. 这就证明了(1)和(3)等价. 证毕.

定理 2.3.1 表明,若C是参数为$[n,k,d]$的 MDS 线性码,则$C^{\perp}$也是 MDS 码,参数为$[n,n-k,d^{\perp}]$,其中,$d^{\perp}=n-(n-k)+1=k+1$. 但是,若C不是 MDS 码时,决定对偶码$C^{\perp}$的最小距离$d^{\perp}$不是一件容易的事情. 事实上,$d^{\perp}$不是由码C的参数$[n,k,d]$所决定的.

例 2.3.1 设C_1和C_2分别是以$\boldsymbol{H}_1=\begin{bmatrix}1&0&1&1\\0&1&0&0\end{bmatrix}$和$\boldsymbol{H}_2=\begin{bmatrix}1&0&1&1\\0&1&0&1\end{bmatrix}$为校验阵的二元线性码,它们的参数都是$[n,k,d]=[4,2,2]$(由于$\boldsymbol{H}_1$和$\boldsymbol{H}_2$中每列都不是零向量,并且都有两列相同,所以$C_1$和$C_2$的最小距离都是 2). C_1和C_2的生成矩阵分别是$\boldsymbol{G}_1=\begin{bmatrix}1&0&1&0\\1&0&0&1\end{bmatrix}$和$\boldsymbol{G}_2=\begin{bmatrix}1&0&1&0\\1&1&0&1\end{bmatrix}$,它们分别是$C_1^{\perp}$和$C_2^{\perp}$的校验矩阵. 由于$\boldsymbol{G}_1$中有列向量为$\boldsymbol{0}$,所以$C_1^{\perp}$的最小距离是 1,而$C_2^{\perp}$的最小距离是 2.

为了计算 $C^{\perp}$ 的最小距离 $d^{\perp}$，需要线性码 C 中比基本参数$[n,k,d]$更多的信息.

定义 2.3.3 设 C 是码长为 n 的 p 元线性码. 对每个 i，$0\leqslant i\leqslant n$，用 A_i 表示 C 中汉明重量为 i 的码字个数，称$\{A_0,A_1,\cdots,A_n\}$为线性码 C 的重量分布. 而关于 z 的整系数多项式

$$f_C(z)=A_0+A_1z+\cdots+A_nz^n$$

叫做码 C 的重量多项式，其中，系数 A_i 都是非负整数.

首先，线性码中只有一个重量为 0 的码字，即零向量，所以必然 $A_0=1$. 其次，C 中一共有 p^k 个码字，因此

$$A_0+A_1+\cdots+A_n=|C|=p^k.$$

最后，若 d 是 C 的最小距离，则 C 中没有重量为 $1,2,\cdots,d-1$ 的码字，但是有重量为 d 的码字，即 $A_1=A_2=\cdots=A_{d-1}=0$，$A_d\geqslant 1$，所以 d 就是满足 $A_i=0$ 的最小正整数 i. 这就表明由 C 的重量分布可以决定 C 的信息位数 k 和最小距离 d.

20 世纪 60 年代，美国数学家马克・威廉姆斯(Mac Williams)发现线性码 C 和其对偶码 $C^{\perp}$ 的重量多项式 $f_C(z)$和 $f_{C^{\perp}}(z)$之间的一个美妙的关系. 利用这个关系式，由 C 的重量分

布可以得到 $\mathbf{C}^{\perp}$ 的重量分布，从而可得到 $C^{\perp}$ 的最小距离 $d^{\perp}$.

定理 2.3.2(马氏恒等式) 设 C 是 p 元线性码，参数为 $[n,k]$，$\{A_0,A_1,\cdots,A_n\}$ 为 C 的重量分布，则

$$f_{C^{\perp}}(z)=\frac{1}{|C|}(1+(p-1)z)^n \cdot f_C\left(\frac{1-z}{1+(p-1)z}\right)$$

$$=\frac{1}{p^k}\sum_{i=0}^{n}A_i(1+(p-1)z)^{n-i}(1-z)^i.$$

在证明这个定理之前，先举例展示一下这个结果. 仍考虑前面简单的两个二元线性码 C_1 和 C_2，它们的生成矩阵分别为

$$\boldsymbol{G}_1=\begin{bmatrix}1&0&1&0\\1&0&0&1\end{bmatrix},\quad \boldsymbol{G}_2=\begin{bmatrix}1&0&1&0\\1&1&0&1\end{bmatrix}.$$

它们有相同的基本参数 $[n,k,d]=[4,2,2]$，但是为不同的码，因为由生成矩阵给出的基，可知它们的 4 个码字分别为

$$C_1=\{(0000),(1010),(1001),(0011)\},$$

$$C_2=\{(0000),(1010),(1101),(0111)\},$$

所以它们有不同的重量分布

$$f_{C_1}(z)=1+3z^2,\quad f_{C_2}(z)=1+z^2+2z^3.$$

利用马氏恒等式(定理 2.3.2)可知 $C_1^{\perp}$ 的重量多项式为($p=2$)

$$\frac{1}{4}(1+z)^4\left[1+3\left(\frac{1-z}{1+z}\right)^2\right]$$

$$=\frac{1}{4}((1+z)^4+3(1+z)^2(1-z)^2)$$

$$=1+z+z^3+z^4.$$

特别地,$C_1^{\perp}$ 的最小距离是 1. 而 $C_2^{\perp}$ 的重量多项式为

$$\frac{1}{16}(1+z)^4\left[1+\left(\frac{1-z}{1+z}\right)^2+2\left(\frac{1-z}{1+z}\right)^3\right]$$

$$=\frac{1}{16}[(1+z)^4+(1-z^2)^2$$

$$+2(1-z^2)(1-z)^2]$$

$$=1+z^2+2z^3.$$

特别地,$C_2^{\perp}$ 的最小距离是 2.

定理 2.3.2 的证明需要一些技巧,初学者不妨略去. 要利用复数 $\zeta=e^{\frac{2\pi i}{p}}$ 的一些性质. 这个复数的 p 次方为 1,而小于 p 次方不为 1,即

$$\zeta^i\neq 1,1\leqslant i\leqslant p-1,\quad \zeta^p=1.$$

现在对每个 $0\leqslant j\leqslant p-1$,考虑求和

$$S_j=\sum_{i=0}^{p-1}\zeta^{ij}=\sum_{i\in F_p}\zeta^{ij}$$

$$= 1 + \zeta^j + \zeta^{2j} + \cdots + \zeta^{(p-1)j},$$

当 $j=0$ 时,求和式中每项均为 1,从而 $S_0=p$. 当 $1 \leqslant j \leqslant p-1$ 时,S_j 是等比级数求和,公比为 $\zeta^j \neq 1$. 因此 $S_j = \dfrac{1-\zeta^{pj}}{1-\zeta^j} = 0$. 于是得到

$$\sum_{i \in F_p} \zeta^{ij} = \begin{cases} p, & j = 0, \\ 0, & 1 \leqslant j \leqslant p-1. \end{cases} \tag{2.3.1}$$

现在设 C 是参数 $[n,k]$ 的 p 元线性码,C 和 $C^{\perp}$ 的重量分布分别为 $\{A_0, \cdots, A_n\}$ 和 $\{A_0^{\perp}, \cdots, A_n^{\perp}\}$. 对每个向量 $\boldsymbol{u}=(u_1, \cdots, u_n) \in F_p^n$,定义一个复系数多项式

$$g_{\boldsymbol{u}}(z) = \sum_{\boldsymbol{v}=(v_1, \cdots, v_n) \in F_p^n} \zeta^{(\boldsymbol{u},\boldsymbol{v})} z^{w(\boldsymbol{v})},$$

其中,$(\boldsymbol{u}, \boldsymbol{v}) = u_1 v_1 + \cdots + u_n v_n$ 是内积,而 $w(\boldsymbol{v})$ 是 $\boldsymbol{v}$ 的汉明重量,它可表示成 $w(\boldsymbol{v}) = w(v_1) + \cdots + w(v_n)$,这里

$$w(v_i) = \begin{cases} 1, & v_i \text{ 是 } F_p \text{ 中非零元素}, \\ 0, & v_i = 0, \end{cases}$$

所以

$$\begin{aligned} g_{\boldsymbol{u}}(z) &= \sum_{v_1, \cdots, v_n \in F_p} \zeta^{u_1 v_1} \cdots \zeta^{u_n v_n} z^{w(v_1)} \cdots z^{w(v_n)} \\ &= \left(\sum_{v_1 \in F_p} \zeta^{u_1 v_1} z^{w(v_1)} \right) \cdots \left(\sum_{v_n \in F_p} \zeta^{u_n v_n} z^{w(v_n)} \right). \end{aligned} \tag{2.3.2}$$

当 $u_i=0$(即 $w(u_i)=0$)时,

$$\sum_{v_i\in F_p}\zeta^{u_iv_i}z^{w(v_i)}=\sum_{v_i\in F_p}z^{w(v_i)}=1+(p-1)z.$$

而当 $u_i\neq 0$(即 $w(u_i)=1$)时,由式(2.3.1)可知

$$\sum_{v_i\in F_p}\zeta^{u_iv_i}z^{w(v_i)}=1+\sum_{v_i=1}^{p-1}\zeta^{u_iv_i}z=1-z.$$

于是对于式(2.3.2)右边 n 个求和式的乘积,共有 $w(\boldsymbol{u})$ 个和式(即 $w(u_i)=1$ 的那些 i)为 $1-z$,其余 $n-w(\boldsymbol{u})$ 个和式为 $1+(p-1)z$,所以

$$g_{\boldsymbol{u}}(z)=(1-z)^{w(\boldsymbol{u})}(1+(p-1)z)^{n-w(\boldsymbol{u})}.$$

将这些多项式再对 $\boldsymbol{u}\in C$ 求和,便得到

$$\begin{aligned}\sum_{\boldsymbol{u}\in C}g_{\boldsymbol{u}}(z)&=\sum_{\boldsymbol{u}\in C}(1-z)^{w(\boldsymbol{u})}(1+(p-1)z)^{n-w(\boldsymbol{u})}\\&=\sum_{i=0}^{n}A_i(1-z)^i(1+(p-1)z)^{n-i}.\end{aligned}\tag{2.3.3}$$

另一方面,又有

$$\begin{aligned}\sum_{\boldsymbol{u}\in C}g_{\boldsymbol{u}}(z)&=\sum_{\boldsymbol{u}\in C}\sum_{\boldsymbol{v}\in F_p^n}\zeta^{(\boldsymbol{u},\boldsymbol{v})}z^{w(\boldsymbol{v})}\\&=\sum_{\boldsymbol{v}\in F_p^n}z^{w(\boldsymbol{v})}\sum_{\boldsymbol{u}\in C}\zeta^{(\boldsymbol{u},\boldsymbol{v})}.\end{aligned}\tag{2.3.4}$$

如果 $\boldsymbol{v}\in C^{\perp}$,则对每个 $\boldsymbol{u}\in C$,均有 $(\boldsymbol{u},\boldsymbol{v})=0$.

于是

$$\sum_{u\in C}\zeta^{(u,v)}=|C|=p^k. \qquad (2.3.5)$$

如果 $\boldsymbol{v}\notin C^{\perp}$,则必然存在 C 中某个码字 $\boldsymbol{c}$,使得 $(\boldsymbol{c},\boldsymbol{v})\neq 0\in F_p$. 当 $\boldsymbol{u}$ 过 C 中所有码字时,由于 C 是向量子空间,$\boldsymbol{u}+\boldsymbol{c}$ 也过 C 中所有码字. 于是

$$\sum_{\boldsymbol{u}\in C}\zeta^{(\boldsymbol{u},\boldsymbol{v})}=\sum_{\boldsymbol{u}\in C}\zeta^{(\boldsymbol{u}+\boldsymbol{c},\boldsymbol{v})}=\sum_{\boldsymbol{u}\in C}\zeta^{(\boldsymbol{u},\boldsymbol{v})+(\boldsymbol{c},\boldsymbol{v})}$$

$$=\zeta^{(\boldsymbol{c},\boldsymbol{v})}\sum_{\boldsymbol{u}\in C}\zeta^{(\boldsymbol{u},\boldsymbol{v})}.$$

由于$(\boldsymbol{c},\boldsymbol{v})\neq 0\in F_p$,可知 $\zeta^{(c,v)}\neq 1$. 所以由上式得到

$$\sum_{u\in C}\zeta^{(u,v)}=0. \qquad (2.3.6)$$

根据式(2.3.5)和式(2.3.6),可知式(2.3.4)可以表示成

$$\sum_{\boldsymbol{u}\in C}g_{\boldsymbol{u}}(z)=p^k\sum_{\boldsymbol{v}\in C^{\perp}}z^{w(\boldsymbol{v})}$$

$$=p^k\sum_{i=0}^{n}A_i^{\perp}z^i=p^kf_{C^{\perp}}(z). \qquad (2.3.7)$$

由(2.3.3)式和(2.3.7)式即得到马氏恒等式.

最后讲一下 MDS 线性码的重量分布. 上面说过,一个线性码的基本参数$[n,k,d]$一般来说不能决定该码的重量分布. 但是对于 MDS

线性码，重量分布可以由$[n,k,d]$所决定．也就是说，两个 p 元 MDS 线性码如果$[n,k,d]$相同，它们便有同样的重量分布.

定理 2.3.3 设 C 是参数为$[n,k,d]$的 p 元 MDS 线性码(即 $d=n-k+1$)，则 $A_0=1$，$A_1=A_2=\cdots=A_{d-1}=0$，而当 $d\leqslant i\leqslant n$ 时，

$$A_i=\binom{n}{i}(p-1)\sum_{j=0}^{i-d}(-1)^j\binom{i-1}{j}p^{i-d-j}.$$

证明思想 在这里只谈一下 MDS 线性码的重量分布是如何计算的．由于 $C^{\perp}$ 也是 MDS 码，最小距离为 $d^{\perp}=k+1$，所以 $C^{\perp}$ 的前 $k+1$ 个重量分布值为 $A_0^{\perp}=1,A_1^{\perp}=\cdots=A_k^{\perp}=0$．于是马氏恒等式为

$$\begin{aligned}&1+\sum_{i=k+1}^{n}A_i^{\perp}z^i\\&=\frac{1}{p^k}\Big(1+\sum_{j=n-k+1}^{n}A_j(1+(p-1)z)^{n-j}(1-z)^j\Big).\end{aligned}\tag{2.3.8}$$

要决定的 $A_j(n-k+1\leqslant j\leqslant n)$和 $A_i^{\perp}(k+1\leqslant i\leqslant n)$共有 n 个．而(2.3.8)式两边均为关于 z 的多项式，次数$\leqslant n$．比较(2.3.8)式两边 z，$z^2,\cdots,z^n$ 的系数，给出上述 n 个 A_j 和 $A_i^{\perp}$ 的 n 个线性方程．解这个方程组就可求出 $A_j(n-$

$k+1\leqslant j\leqslant n$)的值. 详细计算从略.

作为定理 2.3.3 的一个应用,可以证明

推论 2.3.1 设 C 是参数为$[n,k,d]$的 p 元 MDS 线性码,$k\geqslant 2$,则必然 $d\leqslant p$. 换句话说,当 $k\geqslant 2$ 并且 $d>p$ 时,参数$[n,k,d]$的 p 元 MDS 线性码是不存在的.

证明 由定理 2.3.3 算出

$$A_{d+1}=\binom{n}{d+1}(p-1)\sum_{j=0}^{1}(-1)^j\binom{d}{j}p^{1-j}$$

$$=\binom{n}{d+1}(p-1)(p-d).$$

由于 $A_{d+1}\geqslant 0$ 并且 $n=d+k-1\geqslant d+1$,可知 $p\geqslant d$. 证毕.

例如,F_4 上参数为$[n,k,d]=[6,2,5]$的线性码是不存在的,虽然参数同时满足汉明界和 Singleton 界给出的不等式.

最后再举一个例子.

例 2.3.2 考虑以

$$\boldsymbol{G}=\begin{bmatrix}0\ 0\ 1\ 0\ 1\ 1\ 1\ 0\\1\ 0\ 0\ 0\ 1\ 0\ 1\ 1\\1\ 1\ 0\ 0\ 0\ 1\ 0\ 1\\1\ 1\ 1\ 1\ 1\ 1\ 1\ 1\end{bmatrix}$$

为生成矩阵的二元线性码 C. 可直接验证 $\boldsymbol{G}$ 的

4 个行向量彼此正交，每个行向量也都自正交. 由于它们是 C 的一组基，所以 C 是自正交码，即 $C\subseteq C^{\perp}$. 但是 C 的参数为 $[n,k]=[8,4]$，而 $\dim C^{\perp}=n-\dim C=n-k=4=\dim C$，从而 $C=C^{\perp}$，即 C 是自对偶码. 现在计算 C 的重量分布.

首先，由于 C 的基向量(即 $\boldsymbol{G}$ 的 4 行)的汉明重量都为偶数，可知 C 的每个码字的汉明重量都是偶数(为什么?). 进一步，要证明 C 的每个码字 $\boldsymbol{c}$ 的汉明重量 $w(\boldsymbol{c})$ 都是 4 的倍数. 对于任意向量 $\boldsymbol{u}=(u_1,\cdots,u_8)$ 和 $\boldsymbol{v}=(v_1,\cdots,v_8)\in F_2^8$，定义

$$\boldsymbol{u}\cap\boldsymbol{v}=(u_1v_1,\cdots,u_8v_8)\in F_2^8,$$

则当 $\boldsymbol{u}$ 和 $\boldsymbol{v}$ 都是 C 中码字时，$(\boldsymbol{u},\boldsymbol{v})=0\in F_2$. 于是

$$w(\boldsymbol{u}\cap\boldsymbol{v})\equiv\sum_{i=1}^{8}u_iv_i\equiv(\boldsymbol{u},\boldsymbol{v})\equiv 0 \pmod 2, \tag{2.3.9}$$

即 $w(\boldsymbol{u}\cap\boldsymbol{v})$ 为偶数. 进而对每个 $\alpha\in F_2$，以 $w(\alpha)$ 表示 α 的汉明重量，即 $w(0)=0$，$w(1)=1$，则容易验证 $w(u_i+v_i)=w(u_i)+w(v_i)-2w(u_iv_i)$. 对 $i=1,2,\cdots,8$ 相加，可知对 F_2^8 中任意两个向量 $\boldsymbol{u}$ 和 $\boldsymbol{v}$，都有

$$w(\boldsymbol{u}+\boldsymbol{v})=w(\boldsymbol{u})+w(\boldsymbol{v})-2w(\boldsymbol{u}\cap\boldsymbol{v}).$$

(2.3.10)

C 中每个码字都是生成矩阵的行向量 $\boldsymbol{c}_1$, $\boldsymbol{c}_2$, $\boldsymbol{c}_3$, $\boldsymbol{c}_4$ 的线性组合. 这些基向量 $\boldsymbol{c}_i$ 的汉明重量都是 4 的倍数. 由(2.3.9)式知 $w(\boldsymbol{c}_i\cap\boldsymbol{c}_j)$ 都是偶数,所以由(2.3.10)式知 $w(\boldsymbol{c}_i+\boldsymbol{c}_j)$ 是 4 的倍数. 再令 $\boldsymbol{u}=\boldsymbol{c}_i+\boldsymbol{c}_j$, $\boldsymbol{v}=\boldsymbol{c}_k(1\leqslant i,j,k\leqslant 4)$. 由 $\boldsymbol{u},\boldsymbol{v}\in C$ 和(2.3.9)式知 $w(\boldsymbol{u}\cap\boldsymbol{v})$ 是偶数,再由(2.3.10)式又知 $w(\boldsymbol{u}+\boldsymbol{v})=w(\boldsymbol{c}_i+\boldsymbol{c}_j+\boldsymbol{c}_k)$ 是 4 的倍数. 继续下去,便知 C 中所有码字的汉明重量都是 4 的倍数.

以上实际上证明了对于一个二元自正交码 C,若 C 的一组基向量中每个基向量的汉明重量都是 4 的倍数,则 C 的所有码字的汉明重量都是 4 的倍数. 2.4 节研究二元戈莱码时要用这个结果.

这样一来,例中二元线性码 $C([n,k]=[8,4])$ 的重量分布 $A_i(0\leqslant i\leqslant 8)$ 当中,只可能 A_0, A_4 和 A_8 是正的. 已知 $A_0=1$, $A_0+A_4+A_8=2^k=16$. 进而,F_2^8 中只有 $C_4=(11111111)$ 的汉明重量为 8,它是 C 中的码字(因为它是生成矩阵的第 4 行). 所以 $A_8=1$. 于是 $A_4=16-A_1-A_8=14$. 所以 C 的重量多项式为 $1+14z^4+z^8$.

也可用马氏恒等式来解此问题. 由于 C 是二元自正交码,所以 C 中每个码字都自正交,因此每个码字的汉明重量都是偶数,即不为零的 A_i 只可能是 A_0, A_2, A_4, A_6 和 A_8. 进而 $A_0=1$,由全 1 向量是码字又知 $A_8=1$. 又若 C 是码字,则 $\boldsymbol{c}'=\boldsymbol{c}+(11111111)$ 也是码字,而 $w(\boldsymbol{c}')=8-w(\boldsymbol{c})$. 这就表明 $A_2=A_6$. 令 $A_2=A_6=A$,则 $A_4=16-A_0-A_2-A_6-A_8=16-2A-2=14-2A$. 所以只需再决定 A 的值.

C 的重量多项式为 $f_C(z)=1+Az^2+(14-2A)z^4+Az^6+z^8$. 由于 C 是自对偶码,$C=C^{\perp}$,可知 $f_{C^{\perp}}(z)=f_C(z)$. 马氏恒等式为 $f_{C^{\perp}}(z)=\frac{1}{16}(1+z)^8 f_C\left(\frac{1-z}{1+z}\right)$,即

$$
\begin{aligned}
&1+Az^2+(14-2A)z^4+Az^6+z^8\\
&=\frac{1}{16}(1+z)^8\left[1+A\left(\frac{1-z}{1+z}\right)^2\right.\\
&\quad+(14-2A)\left(\frac{1-z}{1+z}\right)^4\\
&\quad\left.+A\left(\frac{1-z}{1+z}\right)^6+\left(\frac{1-z}{1+z}\right)^8\right]\\
&=\frac{1}{16}[(1+z)^8+(1-z)^8\\
&\quad+A(1-z^2)^2(1+z)^4
\end{aligned}
$$

$$+A(1-z^2)^2(1-z)^4$$
$$+(14-2A)(1-z^2)^4].$$

计算右边 z^2 的系数为 $18A$，左边 z^2 的系数为 A. 于是 $A=18A$，即 $A=0$. 从而得到 $A_4=14$，$A_4=A_8=1$，而其余 $A_i=0$. 特别地，C 的最小距离为 4.

一般来说，给了一个线性码，要计算重量分布是困难的. 例如，汉明码的重量分布，直接计算并不容易，需要精细的组合学考虑. 但是今后会看到，汉明码的对偶码的重量分布非常简单，然后用马氏恒等式便可得到汉明码的重量分布.

习　题　2.3

1. 设 C 是码长为 n 的二元线性码，C' 是 C 的扩充码，即

$$C'=\{(c_1,\cdots,c_{n+1})\in F_2^{n+1}\mid(c_1,\cdots,c_n)\in C,$$
$$c_{n+1}=c_1+\cdots+c_n\},$$

证明

$$f_{C'}(z)=\frac{1}{2}[(1+z)f_C(z)+(1-z)f_C(-z)].$$

2. 设 C 是码长为 n 的 p 元线性码,定义为
$$c=\{(c_1,\cdots,c_n)\in F_p^n \mid c_1+c_2+\cdots+c_n=0\},$$
计算 C 和 $C^{\perp}$ 的重量分布.

3. 设 C 是以 $\boldsymbol{G}$ 为生成矩阵的二元线性码,码长为 n,并且全 1 向量 $\boldsymbol{v}=(11\cdots1)\in F_2^n$ 不属于 C. C' 是以 $\begin{bmatrix}\boldsymbol{G}\\ \boldsymbol{v}\end{bmatrix}$ 为生成矩阵的二元线性码. 证明

$$f_{C'}(z)=f_C(z)+z^n f_C\left(\frac{1}{z}\right).$$

4. 设 C 是参数为 $[n,k,d]$ 的 p 元 MDS 线性码. 证明对于 n 位当中的任意 d 位,C 中均恰好有 $p-1$ 个码字,它们在这 d 位的数字均为 F_p 中非零元素,而在其余 $n-d$ 位均为零. 由此得出 C 中汉明重量为 d 的码字个数为 $A_d=(p-1)\binom{n}{d}$.

2.4 戈 莱 码

现在介绍戈莱于 1949 年发现的两个完全线性码,后人称作戈莱码. 一个 p 元完全码的最小距离 d 一定是奇数 $2l+1$ (1.3 节习题 4),

并且达到汉明界，即

$$p^{n-k}=\sum_{i=0}^{l}(p-1)^i\binom{n}{i},$$

其中$[n,k,d]$是码的参数．满足这个等式的正整数$n,k,d(=2l+1)$和素数p是很少的．戈莱首先找到此等式的3组解$(p,n,k,d)=(2,23,12,7)$，$(2,90,78,5)$和$(3,11,6,5)$，然后他证明了参数为$[n,k,d]=[90,78,5]$的二元码，线性或非线性码都不存在（习题3）．最后利用巧妙的组合结构和代数结构，给出参数$[n,k,d]=[23,12,7]$的二元完全码和参数$[11,6,5]$的三元完全码，并且都是线性码．本节讲述戈莱码的结构以及如何利用它们的特殊结构给出好的译码算法．

先介绍二元戈莱线性码$[23,12,7]$．已经知道，若存在参数$[24,12,8]$的二元线性码，则将所有码字去掉最后一位，便“限制”成一个参数为$[23,12,7]$的二元线性码．戈莱采用如下方式首先构造了一个参数为$[24,12,8]$的二元线性码：

定理 2.4.1（戈莱）　考虑如下的二元的12阶方阵：

$$
\boldsymbol{P}=\begin{bmatrix}
0 & 1 & 1 & 1 & 1 & 1 & 1 & 1 & 1 & 1 & 1 & 1\\
1 & 1 & 1 & 0 & 1 & 1 & 1 & 0 & 0 & 0 & 1 & 0\\
1 & 1 & 0 & 1 & 1 & 1 & 0 & 0 & 0 & 1 & 0 & 1\\
1 & 0 & 1 & 1 & 1 & 0 & 0 & 0 & 1 & 0 & 1 & 1\\
1 & 1 & 1 & 1 & 0 & 0 & 0 & 1 & 0 & 1 & 1 & 0\\
1 & 1 & 1 & 0 & 0 & 0 & 1 & 0 & 1 & 1 & 0 & 1\\
1 & 1 & 0 & 0 & 0 & 1 & 0 & 1 & 1 & 0 & 1 & 1\\
1 & 0 & 0 & 0 & 1 & 0 & 1 & 1 & 0 & 1 & 1 & 1\\
1 & 0 & 0 & 1 & 0 & 1 & 1 & 0 & 1 & 1 & 1 & 0\\
1 & 0 & 1 & 0 & 1 & 1 & 0 & 1 & 1 & 1 & 0 & 0\\
1 & 1 & 0 & 1 & 1 & 0 & 1 & 1 & 1 & 0 & 0 & 0\\
1 & 0 & 1 & 1 & 0 & 1 & 1 & 1 & 0 & 0 & 0 & 1
\end{bmatrix}
$$

$$
=\begin{bmatrix}
0 & 1 & 1 & 1 & 1 & 1 & 1 & 1 & 1 & 1 & 1 & 1\\
1 & & & & & & & & & & & \\
1 & & & & & & & & & & & \\
1 & & & & & & & & & & & \\
1 & & & & & & & & & & & \\
1 & & & & & \boldsymbol{P}' & & & & & & \\
1 & & & & & & & & & & & \\
1 & & & & & & & & & & & \\
1 & & & & & & & & & & & \\
1 & & & & & & & & & & & \\
1 & & & & & & & & & & & \\
1 & & & & & & & & & & &
\end{bmatrix},
$$

则以 $\boldsymbol{G}=[\boldsymbol{I}_{12}\ \boldsymbol{P}]$ 为生成矩阵的二元线性码 G_{24}，其参数为 $[n,k,d]=[24,12,8]$，并且是自对偶码.

证明 首先需要说明一下 F_2 上 12 阶方阵 $\boldsymbol{P}$ 的构造方式. 这个方阵左上角元素为 0，第 1 行和第 1 列的其余元素均为 1. 剩下的 11 阶方阵记为 $\boldsymbol{P}'$. $\boldsymbol{P}'$ 的第 1 行为(11011100010)，而以下诸行依次为上一行向左循环移位，如第 2 行是第 1 行向左循环移位，即把第 1 位的 1 移到最末 1 位，从而其他诸位都向左移了一位，即 $\boldsymbol{P}'$ 的第2 行为(10111000101). 注意 $\boldsymbol{P}'$ 和 $\boldsymbol{P}$ 均是对称方阵.

由于生成矩阵 $\boldsymbol{G}$ 是 12 行 24 列的矩阵，并且包含子方阵 $\boldsymbol{I}_{12}$（12 阶的单位方阵），所以 $\mathrm{rank}(\boldsymbol{G})=12$. 这表明生成的二元线性码 G_{24} 参数为 $[n,k]=[24,12]$，并且 $[P^T I_{12}]=[P I_{12}]$ 是 G_{24} 的一个校验矩阵，只需再证线性码 G_{24} 的最小距离为 $d=8$. 证明分以下 4 步进行：

(1) G_{24} 是自对偶码. 由于 G_{24} 和它的对偶码维数都是 12，只需证明 G_{24} 是自正交码. 这只需验证生成矩阵 $\boldsymbol{G}$ 的任意两行（包括每行和它自身）都是正交的. 由于 $\boldsymbol{G}$ 的每行都有偶数个 1 ($\boldsymbol{G}=[\boldsymbol{I}_{12}\boldsymbol{P}]$ 的第 1 行有 12 个 1，其余诸行均有 8

个 1),可知每行都是自正交向量. 只需再证 $\boldsymbol{G}$ 的任意两个不同行向量均正交. 由于 $\boldsymbol{G}$ 的左半为 $\boldsymbol{I}_{12}$,它的任意两个不同行均正交,所以只需证 $\boldsymbol{G}$ 的右半 $\boldsymbol{P}$ 的任意两个不同行均正交. 由于 $\boldsymbol{P}'$ 中每行都有 6 个 1,可知 P 的第 1 行与其余诸行均正交,所以只需再证 P 的后 11 行彼此正交. 由于这后 11 行的第 1 位都是 1,所以只需证明 P' 的 11 行彼此的内积都是 1,即对于 $\boldsymbol{P}'$ 的任意两个不同的行,它们的相异位的个数都是奇数. 现在利用方阵 $\boldsymbol{P}'$ 的诸行依次循环移位的构造方式,可知对每个 $1 \leqslant i < j \leqslant 11$,$\boldsymbol{P}'$ 的第 i 行和第 j 行的内积等于第 1 行和第 $j-i+1$ 行的内积. 因此,只需证明 $\boldsymbol{P}'$ 的第 1 行和其他 10 行的内积都是 1(而相异位个数都是奇数). 到了这一步,读者可自行逐个验证确实如此. 这就证明了 G_{24} 是自对偶码.

(2) 把 F_2^{24} 中向量表成 $(\boldsymbol{x} \mid \boldsymbol{y})$,其中,$\boldsymbol{x}$ 和 $\boldsymbol{y}$ 都是长为 12 的向量,则当 $(\boldsymbol{x} \mid \boldsymbol{y}) \in G_{24}$ 时,$(\boldsymbol{y} \mid \boldsymbol{x})$ 也属于 G_{24}. 证明如下:

由于 $\boldsymbol{H} = [\boldsymbol{P}\boldsymbol{I}_{12}]$ 是 G_{24} 的校验矩阵,而 G_{24} 是自对偶码,所以 $[\boldsymbol{P}\boldsymbol{I}_{12}]$ 也是 G_{24} 的生成矩阵. 但是 $\boldsymbol{G} = [\boldsymbol{I}_{12}\boldsymbol{P}]$ 为 G_{24} 的生成阵. 设 $\boldsymbol{G}$ 的诸行为 $(\boldsymbol{x}_i \mid \boldsymbol{y}_i)$ $(1 \leqslant i \leqslant 12)$,它们是 G_{24} 的一组基,则

$[\boldsymbol{PI}_{12}]$的诸行为$(\boldsymbol{y}_i|\boldsymbol{x}_i)(1\leqslant i\leqslant 12)$. 它们也是$G_{24}$的一组基. 如果$(\boldsymbol{x}|\boldsymbol{y})$是$G_{24}$中的码字,即$(\boldsymbol{x}|\boldsymbol{y})$是$(\boldsymbol{x}_i|\boldsymbol{y}_i)(1\leqslant i\leqslant 12)$的线性组合,显然$(\boldsymbol{y}|\boldsymbol{x})$是$(\boldsymbol{y}_i|\boldsymbol{x}_i)$的线性组合,即$(\boldsymbol{y}|\boldsymbol{x})$也是$G_{24}$中的码字.

(3) G_{24}中每个码字的汉明重量都是4的倍数. 证明可见例2.3.2中的推理.

(4) G_{24}中没有汉明重量为4的码字. 设$\boldsymbol{c}=(\boldsymbol{x}|\boldsymbol{y})$是$G_{24}$中汉明重量为4的码字,$\boldsymbol{x},\boldsymbol{y}\in F_2^{12}$. 则$w(\boldsymbol{x})+w(\boldsymbol{y})=w(\boldsymbol{c})=4$. 从而有如下3种可能:

(i) $w(\boldsymbol{x})=0, w(\boldsymbol{y})=4$. 仍把$G_{24}=[\boldsymbol{I}_{12}\boldsymbol{P}]$的12行表成$(\boldsymbol{x}_i \mid \boldsymbol{y}_i)$,则$(\boldsymbol{x} \mid \boldsymbol{y})=\sum_{i=1}^{12}a_i(x_i \mid y_i)(a_i\in F_2)$. 于是$0=\boldsymbol{x}=\sum_{i=1}^{12}a_i\boldsymbol{x}_i=(a_1, a_2, \cdots, a_{12})\boldsymbol{I}_{12}=(a_1, a_2, \cdots, a_{12})$. 所以$a_i$均为0,因此$\boldsymbol{y}=\sum_{i=1}^{12}a_i\boldsymbol{y}_i$是零向量,这与$w(\boldsymbol{y})=4$矛盾. 所以$w(\boldsymbol{x})=0, w(\boldsymbol{y})=4$不可能. 由于$(\boldsymbol{y} \mid \boldsymbol{x})$也是$G_{24}$中码字,所以$w(\boldsymbol{x})=4, w(\boldsymbol{y})=0$也不可能.

(ii) $w(\boldsymbol{x})=1, w(\boldsymbol{y})=3$. 仿照上面的推理,由$w(\boldsymbol{x})=1$可知$\boldsymbol{x}$必是某个$\boldsymbol{x}_i$,从而$\boldsymbol{y}$必是$\boldsymbol{y}_i$.

但是 $\boldsymbol{P}$ 的每行 $\boldsymbol{y}_i$ 均有 $\geqslant 7$ 个 1，与 $w(\boldsymbol{y})=3$ 相矛盾，所以 $w(\boldsymbol{x})=1, w(\boldsymbol{y})=3$ 不可能. 于是 $w(\boldsymbol{x})=3, w(\boldsymbol{y})=1$ 也不可能.

(iii) $w(\boldsymbol{x})=w(\boldsymbol{y})=2$. 这时 $\boldsymbol{x}$ 必为两个 $\boldsymbol{x}_i$ 之和，于是 $\boldsymbol{y}$ 必为 $\boldsymbol{P}$ 的两行之和. 可直接验证 $\boldsymbol{P}$ 的任意两行之和的汉明重量都不是 2. 这与 $w(\boldsymbol{y})=2$ 相矛盾. 所以不可能 $w(\boldsymbol{x})=w(\boldsymbol{y})=2$.

综合上述，便知 G_{24} 中没有汉明重量为 4 的码字.

由(ii)和(iii)便知 G_{24} 的最小距离 $d\geqslant 8$. 但是生成阵的第 2 行为 G_{24} 的码字，汉明重量为 8. 这表明 $d=8$. 从而完成了定理 2.4.1 的证明. 证毕.

定理 2.4.2 将 G_{24} 中所有码字去掉最后一位得到的集合 G_{23} 是参数为 $[n,k,d]=[23,12,7]$ 的二元完全线性码.

证明 易知 G_{23} 是线性码，生成矩阵可取为将 $\boldsymbol{G}=[\boldsymbol{I}_{12}\boldsymbol{P}]$ 去掉最后一列而得到的矩阵. $[n,k]=[23,12]$ 也是显然的. 由 G_{24} 的最小距离为 8 可知 G_{23} 的最小距离 $d\geqslant 7$. 由于 $\boldsymbol{G}$ 的第 3 行去掉最后一位之后是 G_{23} 中码字，它的汉明重量为 7，于是 $d=7$. 最后由

$$\sum_{i=0}^{3}\binom{n}{i}=1+23+\frac{23\cdot 22}{2}+\frac{23\cdot 22\cdot 21}{2\cdot 3}$$
$$=2^{11}=2^{n-k},$$

所以 G_{23} 是完全码. 证毕.

几乎用类似的方法来构造戈莱的三元完全线性码 G_{11},参数为[11,6,5].

定理 2.4.3 (1) 以

$$\boldsymbol{G}=[\boldsymbol{I}_6\boldsymbol{P}]=\begin{bmatrix} & 0 & 1 & 1 & 1 & 1 & 1\\ & 1 & 0 & 1 & 2 & 2 & 1\\ & 1 & 1 & 0 & 1 & 2 & 2\\ \boldsymbol{I}_6 & 1 & 2 & 1 & 0 & 1 & 2\\ & 1 & 2 & 2 & 1 & 0 & 1\\ & 1 & 1 & 2 & 2 & 1 & 0\end{bmatrix}$$

为生成阵的三元线性码 G_{12} 是参数为[12,6,6]的自对偶码.

(2) 将 G_{12} 中所有码字去掉最后一位,所得集合 G_{11} 是参数为[11,6,5]的三元完全线性码.

证明 (1) 依照二元情形定理 2.4.1 的证明思想,可以得到:

(i) G_{12} 是参数 $[n,k]=[12,6]$ 的三元自对偶线性码从而 $[-\boldsymbol{PI}_6]$ 也是 G_{12} 的一个生成矩阵.

(ii) 将 F_3^{12} 每个向量表成$(\boldsymbol{x}|\boldsymbol{y})$,其中,$\boldsymbol{x}$,$\boldsymbol{y}\in F_3^6$. 若$(\boldsymbol{x}|\boldsymbol{y})\in G_{12}$,则$(-\boldsymbol{y}|\boldsymbol{x})\in G_{12}$.

(iii) G_{12} 中每个码字的汉明重量都是 3 的倍数. 这是由于在 F_3 中 $1^2=2^2=1$. 如果 G_{12} 中码字 $\boldsymbol{c}=(c_1,\cdots,c_{12})$ 的汉明重量为 l,由于 $\boldsymbol{c}$ 是自正交的,于是 $0=(\boldsymbol{c},\boldsymbol{c})=\sum_{i=1}^{12}c_i^2=l\in F_3$,即 l 是 3 的倍数.

(iv) G_{12}中没有汉明重量为 3 的码字. 这是因为设 $\boldsymbol{c}=(\boldsymbol{x}|\boldsymbol{y})\in G_{12}$. 如果 $w(\boldsymbol{x})=0$,$w(\boldsymbol{y})=3$,由于 $\boldsymbol{G}=[\boldsymbol{I}_6\boldsymbol{P}]$是 G_{12} 的生成矩阵可知 $\boldsymbol{y}=0$,与 $w(\boldsymbol{y})=3$ 矛盾. 同样由$[-\boldsymbol{P}\boldsymbol{I}_6]$是 G_{12} 的生成矩阵可知 $w(\boldsymbol{x})=3$,$w(\boldsymbol{y})=0$ 也不可能. 类似地,$w(\boldsymbol{x})=1$,$w(\boldsymbol{y})=2$ 和 $w(\boldsymbol{x})=2$,$w(\boldsymbol{y})=1$ 也不可能.

由(iii)和(iv)便知 $d\geqslant 6$. 由于 $\boldsymbol{G}$ 的第 1 行是 G_{12}中汉明重量为 6 的码字,所以 G_{12} 的最小距离为 6.

(2) 类似于定理 2.4.2 可证 G_{11} 是参数为$[11,6,5]$的三元线性码. 由

$$\begin{aligned}\sum_{i=0}^{2}(3-1)^i\binom{11}{i}&=1+2\cdot\binom{11}{1}+4\cdot\binom{11}{2}\\&=3^{11-6}\end{aligned}$$

可知 G_{11} 是完全码. 证毕.

在 1960 年以前,人们猜想已经找到了所有的完全码. 确切地说,猜想每个完全码或者是平凡的(即为整个空间 F_p^n,参数为$[n,n,1]$),或者必等价于汉明码 G_{23} 和 G_{11} 当中的一个. 但是在 1962 年～1968 年,人们对每个素数 p 都陆续得到 p 元非线性完全码,参数和汉明码相同,但是不和汉明码等价. 后来人们又提出一个较弱的猜想:每个非平凡的 p 元码(线性或非线性),其参数必与汉明码或戈莱码的参数一致,这个猜想在 1973 年被证明,使用了初等但是复杂的数论演算和组合技巧.

1975 年证明了具有参数$[23,12,7]$的二元线性码必等价于 G_{23},具有参数$[12,6,5]$的三元(线性或非线性)码必等价于 G_{11}. 另一方面,具有汉明码参数$\left[\frac{p^m-1}{p-1},\frac{p^m-1}{p-1}-m,3\right]$的 p 元码到底有多少个彼此不等价,是一个至今不清楚的问题. 人们相信有上千个彼此不等价的非线性二元码,其参数均为$[15,11,3]$(二元汉明码的参数).

二元戈莱码 G_{23} 的最小距离为 7,从而可以纠正≤3 位错,可以采用 2.2 节介绍的译码方法，看 $\boldsymbol{H}\boldsymbol{y}^{\mathrm{T}}$ 是校验阵 $\boldsymbol{H}$ 的 $k(k\leqslant 3)$列之和. 下面给出另一种纠错译码算法，它充分利用了戈莱码的组合和代数特点. 先谈 G_{24} 的纠错.

注意对于参数为[24,12,8]的二元自对偶线性码 G_{24}，$[\boldsymbol{I}_{12}\boldsymbol{P}]$和$[\boldsymbol{P}\boldsymbol{I}_{12}]$都是生成矩阵和校验矩阵. 现在设发出码字 $\boldsymbol{c}\in G_{24}$，错位个数$\leqslant 3$，即对于错误向量 $\boldsymbol{\varepsilon}=(\boldsymbol{\varepsilon}_1 \mid \boldsymbol{\varepsilon}_2)\in F_2^{24}$，$w(\boldsymbol{\varepsilon})\leqslant 3$，即 $w(\boldsymbol{\varepsilon}_1)+w(\boldsymbol{\varepsilon}_2)\leqslant 3$. 令

$$\boldsymbol{P}=\begin{bmatrix}\boldsymbol{b}_1\\ \vdots\\ \boldsymbol{b}_{12}\end{bmatrix},\quad \boldsymbol{b}_i\in F_2^{12},\quad 1\leqslant i\leqslant 12.$$

由于$[\boldsymbol{I}\boldsymbol{P}]$同时为生成矩阵和校验矩阵，$\boldsymbol{I}=\boldsymbol{I}_{12}$，$\boldsymbol{P}=\boldsymbol{P}^{\mathrm{T}}$，所以 $\boldsymbol{0}=[\boldsymbol{I}\boldsymbol{P}]\begin{bmatrix}\boldsymbol{I}\\ \boldsymbol{P}\end{bmatrix}=\boldsymbol{I}+\boldsymbol{P}^2$. 于是 $\boldsymbol{P}^2=\boldsymbol{I}$. 可以用两个校验矩阵 $\boldsymbol{H}=[\boldsymbol{I}\boldsymbol{P}]$和 $\boldsymbol{G}=[\boldsymbol{P}\boldsymbol{I}]$来计算

$$\begin{aligned}\boldsymbol{s}_1&=\boldsymbol{y}\boldsymbol{H}^{\mathrm{T}}=\boldsymbol{\varepsilon}\boldsymbol{H}^{\mathrm{T}}=(\boldsymbol{\varepsilon}_1 \mid \boldsymbol{\varepsilon}_2)\begin{bmatrix}\boldsymbol{I}\\ \boldsymbol{P}\end{bmatrix}\\ &=\boldsymbol{\varepsilon}_1+\boldsymbol{\varepsilon}_2\boldsymbol{P},\\ \boldsymbol{s}_2&=\boldsymbol{y}\boldsymbol{G}^{\mathrm{T}}=\boldsymbol{\varepsilon}\boldsymbol{G}^{\mathrm{T}}=(\boldsymbol{\varepsilon}_1 \mid \boldsymbol{\varepsilon}_2)\begin{bmatrix}\boldsymbol{P}\\ \boldsymbol{I}\end{bmatrix}\\ &=\boldsymbol{\varepsilon}_1\boldsymbol{P}+\boldsymbol{\varepsilon}_2=\boldsymbol{s}_1\boldsymbol{P}.\end{aligned}$$

以 $\boldsymbol{e}_i$ 表示 F_2^{12} 中向量，它的第 i 位为 1 而其他位上为 0($1\leqslant i\leqslant 12$)．由 $w(\boldsymbol{\varepsilon}_1)+w(\boldsymbol{\varepsilon}_2)\leqslant 3$ 可知有以下两种可能．

(1) $w(\boldsymbol{\varepsilon}_2)=0$．这时 $\boldsymbol{s}_1=\boldsymbol{\varepsilon}_1$，$w(\boldsymbol{s}_1)=w(\boldsymbol{\varepsilon}_1)\leqslant 3$，$\boldsymbol{\varepsilon}=(\boldsymbol{\varepsilon}_1\mid\boldsymbol{0})=(\boldsymbol{s}_1\mid\boldsymbol{0})$．同样地，若 $w(\boldsymbol{\varepsilon}_1)=0$，则 $\boldsymbol{s}_2=\boldsymbol{\varepsilon}_2$，$w(\boldsymbol{s}_2)=w(\boldsymbol{\varepsilon}_1)\leqslant 3$，$\boldsymbol{\varepsilon}=(\boldsymbol{0}\mid\boldsymbol{\varepsilon}_2)=(\boldsymbol{0}\mid\boldsymbol{s}_2)$．

(2) 若 $\boldsymbol{\varepsilon}_1$ 和 $\boldsymbol{\varepsilon}_2$ 均不为零，则 $w(\boldsymbol{\varepsilon}_1)\geqslant 1$，$w(\boldsymbol{\varepsilon}_2)\geqslant 1$ 并且 $w(\boldsymbol{\varepsilon}_1)+w(\boldsymbol{\varepsilon}_2)\leqslant 3$．可知必然 $w(\boldsymbol{\varepsilon}_1)=1$ 或者 $w(\boldsymbol{\varepsilon}_2)=1$．

若 $w(\boldsymbol{\varepsilon}_2)=1$，$1\leqslant w(\boldsymbol{\varepsilon}_1)\leqslant 2$，则 $\boldsymbol{\varepsilon}_2=\boldsymbol{e}_i$(对某个 i，$1\leqslant i\leqslant 12$)．于是 $\boldsymbol{s}_1=\boldsymbol{\varepsilon}_1+\boldsymbol{e}_i\boldsymbol{P}=\boldsymbol{\varepsilon}_1+\boldsymbol{b}_i$(注意 $\boldsymbol{b}_i$ 是 $\boldsymbol{P}$ 的第 i 行)，而 $\boldsymbol{\varepsilon}=(\boldsymbol{s}_1+\boldsymbol{b}_i\mid\boldsymbol{e}_i)$，由于 $w(\boldsymbol{s}_1+\boldsymbol{b}_i)=w(\boldsymbol{\varepsilon}_1)\leqslant 2$，而 $\boldsymbol{P}$ 的每行 $\boldsymbol{b}_i$ 为 $[\boldsymbol{IP}]$ 中第 i 行(它是 G_{24} 中非零码字)的后一半，前一半只有一个 1，因此 $w(\boldsymbol{b}_i)\geqslant 8-1=7$．从而 $w(\boldsymbol{s}_1)\geqslant w(\boldsymbol{b}_i)-w(\boldsymbol{s}_1+\boldsymbol{b}_i)\geqslant 5$．类似地，$\boldsymbol{s}_2=\boldsymbol{\varepsilon}_1\boldsymbol{P}+\boldsymbol{e}_i$，由于 $1\leqslant w(\boldsymbol{\varepsilon}_1)\leqslant 2$，$\boldsymbol{\varepsilon}_1\boldsymbol{P}$ 是 $[\boldsymbol{IP}]$ 中一行或两行之和(为 G_{24} 中非零码字)的后一半，前一半最多有两个 1，于是 $w(\boldsymbol{\varepsilon}_1\boldsymbol{P})\geqslant 8-2=6$，而 $w(\boldsymbol{s}_2)\geqslant w(\boldsymbol{\varepsilon}_1\boldsymbol{P})-w(\boldsymbol{e}_i)=5$．

同样地，若 $w(\boldsymbol{\varepsilon}_1)=1$，$1\leqslant w(\boldsymbol{\varepsilon}_2)\leqslant 2$，则 $\boldsymbol{\varepsilon}_1=\boldsymbol{e}_j$(对某个 j，$1\leqslant j\leqslant 12$)．这时 $\boldsymbol{\varepsilon}=(\boldsymbol{e}_j\mid\boldsymbol{s}_2+\boldsymbol{b}_j)$，

并且 $w(\boldsymbol{s}_1)$和$w(\boldsymbol{s}_2)$均大于等于 5.

现在需要从收方的角度考虑问题. 因为收方只能由收到的 $\boldsymbol{y}$ 算出 $\boldsymbol{s}_1=\boldsymbol{y}\boldsymbol{H}^{\mathrm{T}}(=\boldsymbol{\varepsilon}_1+\boldsymbol{\varepsilon}_2\boldsymbol{P})$和 $\boldsymbol{s}_2=\boldsymbol{y}\boldsymbol{G}^{\mathrm{T}}(=\boldsymbol{\varepsilon}_1\boldsymbol{P}+\boldsymbol{\varepsilon}_2=\boldsymbol{s}_1\boldsymbol{P})$. 首先,收方由 $\boldsymbol{s}_1$ 和 $\boldsymbol{s}_2$ 可以区分情形(1)和(2),因为对于情形(1),$w(\boldsymbol{s}_1)$和 $w(\boldsymbol{s}_2)$至少有一个不超过 3,而对于情形(2),$w(\boldsymbol{s}_1)$和 $w(\boldsymbol{s}_2)$均超过 4. 其次,对于情形(1),若 $w(\boldsymbol{s}_1)\leqslant 3$,由于 $\boldsymbol{s}_1=\boldsymbol{\varepsilon}_1+\boldsymbol{\varepsilon}_2\boldsymbol{P}$,可知 $w(\boldsymbol{\varepsilon}_2\boldsymbol{P})\leqslant w(\boldsymbol{s}_1)+w(\boldsymbol{\varepsilon}_1)\leqslant 3+(3-w(\boldsymbol{\varepsilon}_2))=6-w(\boldsymbol{\varepsilon}_2)$. 如果 $\boldsymbol{\varepsilon}_2\neq 0$,则 $\boldsymbol{\varepsilon}_2\boldsymbol{P}$ 是 G_{24} 中非零码字的后一半,前一半 $\boldsymbol{\varepsilon}_2\boldsymbol{I}_{12}$ 的汉明重量为 $w(\boldsymbol{\varepsilon}_2)$. 于是 $w(\boldsymbol{\varepsilon}_2\boldsymbol{P})+w(\boldsymbol{\varepsilon}_2)\geqslant 8$,这与$w(\boldsymbol{\varepsilon}_2\boldsymbol{P})=6-w(\boldsymbol{\varepsilon}_2)$矛盾. 所以必然 $\boldsymbol{\varepsilon}_2=0$. 同样地,若 $w(\boldsymbol{s}_2)\leqslant 3$,则必然 $w(\boldsymbol{\varepsilon}_1)=0$. 对于情形(2),这时 $w(\boldsymbol{\varepsilon}_1)\geqslant 1$,$w(\boldsymbol{\varepsilon}_2)\geqslant 1$,$w(\boldsymbol{\varepsilon}_1)+w(\boldsymbol{\varepsilon}_2)\leqslant 3$. 由(2)知有 i,$1\leqslant i\leqslant 12$,使得 $w(\boldsymbol{s}_1+\boldsymbol{b}_i)\leqslant 2$(当 $\boldsymbol{\varepsilon}_2=\boldsymbol{e}_i$ 时)或者 $w(\boldsymbol{s}_2+\boldsymbol{b}_i)\leqslant 2$(当 $\boldsymbol{\varepsilon}_1=\boldsymbol{e}_i$ 时). 如果对于 $\boldsymbol{s}_1+\boldsymbol{b}_i=\boldsymbol{v}$,有 $w(\boldsymbol{v})\leqslant 2$,来证必然 $\boldsymbol{\varepsilon}_2=\boldsymbol{e}_i$. 这是由于 $\boldsymbol{v}+k_i\boldsymbol{P}=\boldsymbol{v}+\boldsymbol{b}_i=\boldsymbol{s}_1=\boldsymbol{\varepsilon}_1+\boldsymbol{\varepsilon}_2\boldsymbol{P}$,从而 $\boldsymbol{v}+\boldsymbol{\varepsilon}_1=(\boldsymbol{e}_i+\boldsymbol{\varepsilon}_2)\boldsymbol{P}$. 如果 $\boldsymbol{e}_i\neq\boldsymbol{\varepsilon}_2$,则$(\boldsymbol{e}_i+\boldsymbol{\varepsilon}_2)\boldsymbol{P}$ 是 G_{24} 中非零码字$(\boldsymbol{e}_i+\boldsymbol{\varepsilon}_2)(IP)=(\boldsymbol{e}_i+\boldsymbol{\varepsilon}_2\mid(\boldsymbol{e}_i+\boldsymbol{\varepsilon})\boldsymbol{P})$的右半部分,于是 $w(\boldsymbol{v}+\boldsymbol{\varepsilon}_1)=w((\boldsymbol{e}_i+\boldsymbol{\varepsilon}_2)\boldsymbol{P})\geqslant 8-w(\boldsymbol{e}_i+\boldsymbol{\varepsilon}_2)$,即 $8\leqslant w(\boldsymbol{v})+w(\boldsymbol{\varepsilon}_1)+w(\boldsymbol{\varepsilon}_2)+$

$w(\boldsymbol{e}_i) \leqslant w(\boldsymbol{v}) + 4$，这与 $w(\boldsymbol{v}) \leqslant 2$ 矛盾，所以 $\boldsymbol{\varepsilon}_2 = e_i$. 同样地，若 $w(\boldsymbol{s}_2 + \boldsymbol{b}_i) \leqslant 2$，则 $\boldsymbol{\varepsilon}_1 = \boldsymbol{e}_i$.

综合上述便得到线性码 G_{24} 的如下译码算法：

设收方收到 $\boldsymbol{y} \in F_2^{24}$，并且假定 $\boldsymbol{y}$ 的错位数 $\leqslant 3$，则

(1) 收方计算 $\boldsymbol{s}_1 = \boldsymbol{y}\begin{pmatrix} \boldsymbol{I}_{12} \\ \boldsymbol{P} \end{pmatrix} \in F_2^{12}$ 和 $\boldsymbol{s}_2 = \boldsymbol{y}\begin{pmatrix} \boldsymbol{P} \\ \boldsymbol{I}_{12} \end{pmatrix} \in F_2^{12}$；

(2) 若 $\boldsymbol{s}_1 = 0$（或者 $\boldsymbol{s}_2 = 0$），则 $\boldsymbol{y}$ 就是发出的码字（无错）. 否则进行下面的(3)；

(3) 若 $w(\boldsymbol{s}_1) \leqslant 3$ 或者 $w(\boldsymbol{s}_2) \leqslant 3$，则 $w(\boldsymbol{s}_1) \leqslant 3$ 时，错误为 $\boldsymbol{\varepsilon} = (\boldsymbol{s}_1 | \boldsymbol{0})$，而 $w(\boldsymbol{s}_2) \leqslant 3$ 时，错误为 $\boldsymbol{\varepsilon} = (\boldsymbol{0} | \boldsymbol{s}_2)$. 否则必然 $w(\boldsymbol{s}_1) \geqslant 5$，$w(\boldsymbol{s}_2) \geqslant 5$，进行(4)；

(4) 必然有 $\boldsymbol{P}$ 的第 i 行 $\boldsymbol{b}_i$ $(1 \leqslant i \leqslant 12)$，使得 $w(\boldsymbol{s}_1 + \boldsymbol{b}_i) \leqslant 2$ 或者 $w(\boldsymbol{s}_2 + \boldsymbol{b}_i) \leqslant 2$. 当 $w(\boldsymbol{s}_1 + \boldsymbol{b}_i) \leqslant 2$ 时，$\boldsymbol{\varepsilon} = (\boldsymbol{s}_1 + \boldsymbol{b}_i | \boldsymbol{e}_i)$，而当 $w(\boldsymbol{s}_2 + \boldsymbol{b}_i) \leqslant 2$ 时，$\boldsymbol{\varepsilon} = (\boldsymbol{e}_i | \boldsymbol{s}_2 + \boldsymbol{b}_i)$.

例如，设收到 $\boldsymbol{y} = (\boldsymbol{y}_1 | \boldsymbol{y}_2)$，其中，$\boldsymbol{y}_1 = (000111000111)$，$\boldsymbol{y}_2 = (011011010000)$，并且设 $\boldsymbol{y}$ 中最多有 3 个错位.

(1) 计算 $\boldsymbol{s}_1=\boldsymbol{y}_1+\boldsymbol{y}_2\boldsymbol{P}=(101101101100)$, $\boldsymbol{s}_2=\boldsymbol{y}_1\boldsymbol{P}+\boldsymbol{y}_2=(000001110101)$;

(2) $\boldsymbol{s}_1\neq 0, \boldsymbol{s}_2\neq 0$;

(3) $w(\boldsymbol{s}_1)>3, w(\boldsymbol{s}_2)>3$;

(4) $\boldsymbol{s}_1+\boldsymbol{b}_9=(101101101100)+(100101101110)=(001000000010)$的汉明重量为 2,从而 $\boldsymbol{\varepsilon}=(\boldsymbol{s}_1+\boldsymbol{b}_9\,|\,\boldsymbol{e}_9)$,正确码字为 $\boldsymbol{y}+\boldsymbol{\varepsilon}=(001111000101\,|\,011011011000)$.

再考虑用参数[23,12,7]的线性码 G_{23} 如何译码. 已经知道由 G_{24} 的全部码字去掉最后一位之后得到 G_{23}. 假设发出 $\boldsymbol{c}=(c_1,\cdots,c_{23})\in G_{23}$,错误向量为 $\boldsymbol{\varepsilon}\in F_2^{23}$,$w(\boldsymbol{\varepsilon})\leqslant 3$. 收到向量为 $\boldsymbol{y}=\boldsymbol{c}+\boldsymbol{\varepsilon}=(y_1,\cdots,y_{23})$. 考虑向量 $\boldsymbol{y}'=(y_1,\cdots,y_{23},y_{24})\in F_2^{24}$,其中,$y_{24}=y_1+\cdots+y_{23}+1$. 由于 $\boldsymbol{y}$ 和 G_{23} 中码字的最小汉明距离$\leqslant 3$,可知 $\boldsymbol{y}'$ 和 G_{24} 中码字的最小汉明距离$\leqslant 4$. 但是 $\boldsymbol{y}'$ 的汉明重量为奇数(因 $\boldsymbol{y}'$ 的所有数字 y_i 之和为 1),而 G_{24} 中码字的汉明重量都是偶数,可知 $\boldsymbol{y}'$ 和 G_{24} 中每个码字的汉明距离都是奇数. 因此其最小值不大于 3. 可以采用上述对 G_{24} 的译码方法,得到唯一的 $\boldsymbol{c}'=(c'_1,\cdots,c'_{24})\in G_{24}$,使得 $w(\boldsymbol{y}'+\boldsymbol{c}')\leqslant 3$. 于是$(c'_1,\cdots,c'_{23})$就应当是正确的发出码字 $\boldsymbol{c}$.

最后计算戈莱码 G_{24} 和 G_{23} 的重量分布. 先计算 G_{24} 的重量分布 $\{A_0, \cdots, A_{24}\}$. 已知 $A_0=1$, 由于生成矩阵 $[\boldsymbol{IP}]$ 全部 12 行之和是全 1 向量, 所以 $A_{24}=1$ 并且 $A_i=A_{24-i}$. 再由 G_{24} 中码字的汉明重量都是 4 的倍数, $A_0+\cdots+A_{24}=2^k=2^{12}$ 和 $d=8$ 可知

$$A_0 = A_{24} = 1, \quad A_8 = A_{16}(\text{设为 } A),$$

$$A_{12} = 2^{12} - 2A - 2,$$

而其余 A_i 均为 0, 所以 G_{24} 的重量多项式为

$$\begin{aligned} f(z) &= (1+z^{24}) + A(z^8+z^{16}) \\ &\quad + (2^{12}-2A-2)z^{12} \\ &= (1-z^{12})^2 + A(z^4-z^8)^2 + (2z)^{12}. \end{aligned}$$

只需决定 A. 由于 G_{24} 是自对偶码, 所以马氏恒等式给出

$$f(z) = 2^{-12}(1+z)^{24} f\left(\frac{1-z}{1+z}\right),$$

即

$$\begin{aligned} 2^{12} f(z) &= [(1+z)^{12} - (1-z)^{12}]^2 \\ &\quad + A(1-z^2)^8[(1+z)^4 - (1-z)^4]^2 \\ &\quad + 2^{12}(1-z^2)^{12}. \end{aligned}$$

比较两边 z^8 的系数, 给出

$$2^{12}A = 2^9 \cdot 29 \cdot 99 - 2^9 A + 2^{12} \cdot 5 \cdot 99,$$

由此得到 $A=759$,即 G_{24} 的重量多项式为

$$f(z)=1+759z^8+2576z^{12}+759z^{16}+z^{24}.$$

如果想避免最后一步所做的比较复杂的计算,可以动一点脑子计算 $A=A_8$ 的值,有如下两个结论.

(1) 每个(汉明)重量为 8 的码字 $\boldsymbol{c}\in G_{24}$ 都恰好和 $\binom{8}{3}$ 个重量为 5 的向量 $\boldsymbol{v}\in F_2^{24}$,使得 $\boldsymbol{c}$ 和 $\boldsymbol{v}$ 的(汉明)距离为 3. 这是由于 $w(\boldsymbol{c})=8=5+3=w(\boldsymbol{v})+w(\boldsymbol{c}-\boldsymbol{v})$,可知 $\boldsymbol{v}$ 中为 1 的 5 个位和 $\boldsymbol{c}-\boldsymbol{v}$ 中为 1 的 3 个位是不同的,它们合起来是 C 中为 1 的 8 个位. 换句话说,$\boldsymbol{v}$ 中为 1 的 5 个位是 $\boldsymbol{c}$ 中为 1 的那 8 个位的子集. 这样的 $\boldsymbol{v}$ 共 $\binom{8}{5}=\binom{8}{3}$个.

(2) 每个重量为 5 的向量 $\boldsymbol{v}\in F_2^{24}$ 都恰好和 G_{24} 中 1 个重量为 8 个码字 $\boldsymbol{c}$ 相距为 3.

证明 对于 F_2^{24} 中每个向量 $\boldsymbol{u}$,把 $\boldsymbol{u}$ 的最后一位去掉记成 $\boldsymbol{u}'\in F_2^{23}$. 设 $\boldsymbol{v}\in F_2^{24}$,$w(\boldsymbol{v})=5$,则 $\boldsymbol{v}\in F_2^{23}$,$w(\boldsymbol{v}')=4$ 或 5. 由于 G_{23} 是最小距离为 7 的完全码,即以 3 为半径,以 G_{23} 中所有码字为球心的闭球,恰好不重复地填满整个空间 F_2^{23},所以 G_{23} 中有唯一的码字 $\boldsymbol{c}'\in G_{23}$,使得

$w(\boldsymbol{c}'-\boldsymbol{v}')=d(\boldsymbol{c}',\boldsymbol{v}')\leqslant 3$. 但是 $w(\boldsymbol{v}')=4$ 或 5,可知 $\boldsymbol{c}'\neq 0$. 因此 $w(\boldsymbol{c}')\geqslant 7$ 并且 $w(\boldsymbol{c}')\leqslant w(\boldsymbol{v}')+w(\boldsymbol{c}'-\boldsymbol{v}')\leqslant 8$. 于是 $w(\boldsymbol{c}')=7$ 或 8. 将 $\boldsymbol{c}'$加上最后1位得到 G_{24}中的码字 $\boldsymbol{c}$,$\boldsymbol{c}'$和 $\boldsymbol{c}$ 是一一对应的($\boldsymbol{c}$ 的最后1位是 $\boldsymbol{c}'$中所有分量之和). 由于 $w(\boldsymbol{c}'-\boldsymbol{v}')\leqslant 3$,可知 $w(\boldsymbol{c}-\boldsymbol{v})\leqslant 4$. 但是 $\boldsymbol{c}$ 和 $\boldsymbol{v}$ 的重量分别为偶数和5,所以 $w(\boldsymbol{c}-\boldsymbol{v})$是奇数,即 $w(\boldsymbol{c}-\boldsymbol{v})\leqslant 3$. 由 $w(\boldsymbol{v})=5$ 可知 $\boldsymbol{c}\neq 0$, 于是 $w(\boldsymbol{c})\geqslant 8\geqslant w(\boldsymbol{c}-\boldsymbol{v})+w(\boldsymbol{v})\geqslant w(\boldsymbol{c})$. 这就表明 $w(\boldsymbol{c}-\boldsymbol{v})=3$,$w(\boldsymbol{c})=8$, 即 G_{24} 中有唯一重量为8的码字 $\boldsymbol{c}$,使得 $w(\boldsymbol{c}-\boldsymbol{v})=3$.

F_2^{24} 中重量为5的向量 $\boldsymbol{v}$ 共有 $\binom{24}{5}$ 个,G_{24} 中每个重量为8的码字 $\boldsymbol{c}$ 都恰好和 $\binom{8}{3}$ 个这样的 $\boldsymbol{v}$ 相距为3,并且每个 $\boldsymbol{v}$ 恰好和一个 $\boldsymbol{c}$ 距离为3. 于是 G_{24} 中重量为8的码字个数为 $A=A_8=\binom{24}{5}\Big/\binom{8}{3}=759$.

最后计算 G_{23} 的重量分布 $\{A'_0,\cdots,A'_{23}\}$,其中,A'_i 表示G_{23}中重量为 i 的码字个数. 由于长为24的全1向量去掉一位而得的长为23的全1向量是 G_{23} 中码字,可知 $A'_{23-i}=A'_i\,(0\leqslant i\leqslant 11)$,$A'_0=A'_{23}=1$. 由 G_{24} 和 G_{23} 之间码字的

关系可知

$$A'_{2l-1}+A'_{2l}=A_{2l},\quad 1\leqslant l\leqslant 12,$$

所以由已算出的 G_{24} 的重量多项式 $f(z)=1+759z^8+2576z^{12}+759z^{16}+z^{24}$ 得到 G_{23} 的重量多项式为

$$f'(z)=1+A'_7z^7+A'_8z^8+A'_{11}z^{11}+A'_{12}z^{12}+A'_{15}z^{15}+A'_{16}z^{16}+z^{23},$$

其中，$A'_7+A'_8=A_8=759=A_{16}=A'_{15}+A'_{16}$，$A'_{11}+A'_{12}=2576$.

由 $A'_{23-i}=A_i$ 可知 $A'_{11}=A'_{12}=\frac{2576}{2}=1288$，并且 $A'_7=A'_{16}=A$，$A'_8=A'_{15}=759-A$. 只需再决定 A.

考虑 F_2^{24} 中最后一位是 1 并且重量为 5 的向量 $\boldsymbol{v}$，这样的 $\boldsymbol{v}$ 共 $\binom{23}{4}$ 个. 根据上面所证的(2)，每个 $\boldsymbol{v}$ 都恰好和一个重量为 8 的 $\boldsymbol{c}\in G_{24}$ 相距为 3，$\boldsymbol{c}$ 的最后一位是 1. 另一方面，由上面所证的(1)，每个这样的 $\boldsymbol{c}$ 恰好与上述的 $\binom{7}{4}$ 个 $\boldsymbol{v}$ 相距为 3，其中，$\binom{7}{4}$ 即是 $\boldsymbol{c}$ 除最后一位之外其余 7 个是 1 的位选取 4 个位的方法数. 这就表明

上述 $\boldsymbol{c}$ 的个数为 $\binom{23}{4}\Big/\binom{7}{4}=253$. 这些 $\boldsymbol{c}$ 去掉最后一位 1 之后就是 G_{23} 中全部重量为 7 的码字. 于是 $A=A'_7=253$. 从而得到 G_{23} 的重量分布为

$$A'_0=A'_{23}=1,\quad A'_7=A'_{16}=253,$$

$$A'_8=A'_{15}=506,\quad A'_{11}=A'_{12}=1288,$$

而其余 A'_i 均为 0.

关于三元戈莱码 G_{12} 和 G_{11} 的译码算法和重量分布留给读者作为习题.

从上面叙述可以看出,戈莱码在发明阶段使用了巧妙的组合学构思. 后人用各种数学工具对它作深入研究,现在对戈莱码已有更进一步的理解.

习 题 2.4

1. 仿照二元戈莱码的情形,给出三元戈莱码 G_{12} 和 G_{11} 纠正≤2 位错的一个译码算法.

2. 计算 G_{12} 和 G_{11} 的重量分布.

3. 按下列提示证明不存在参数为 $(n,K,d)=(90,2^{78},5)$ 的二元纠错码 C.

(1) 不妨设零向量 $\mathbf{0}$ 属于 C,则 C 中非零码

字的汉明重量均$\leqslant 5$. 定义

$$Y=\{\boldsymbol{v}=(v_1,v_2,\cdots,v_{90})\in F_2^{90}\mid w(\boldsymbol{v})=3,\\ v_1=v_2=1\},$$

则$|Y|=88$;

(2) F_2^n 中的向量 $\boldsymbol{u}=(u_1,\cdots,u_n)$叫做覆盖 $\boldsymbol{v}=(v_1,\cdots,v_n)$,是指对每个 $i(1\leqslant i\leqslant n)$,若$v_i=1$,必然 $u_i=1$. 证明对每个 $\boldsymbol{y}\in Y$,恰好有一个码字 $\boldsymbol{c}\in C$,使得 $w(\boldsymbol{y}-\boldsymbol{c})\leqslant 2$. $w(\boldsymbol{c})=5$ 并且 $\boldsymbol{c}$ 覆盖 $\boldsymbol{y}$.

(3) 考虑集合

$$X=\{\boldsymbol{c}=(c_1,\cdots,c_{90})\in C\mid w(\boldsymbol{c})=5,\\ c_1=c_2=1\}.$$

用两种方法计算集合

$$D=\{(\boldsymbol{c},\boldsymbol{y})\mid \boldsymbol{c}\in X,\boldsymbol{y}\in Y,\boldsymbol{c}\text{ 覆盖 }\boldsymbol{y}\}$$

中元素的个数. 一方面,每个 $\boldsymbol{y}$ 被唯一的$\boldsymbol{c}$ 所覆盖. 于是$|D|=|Y|=88$. 另一方面,每个 $\boldsymbol{c}$ 覆盖 3 个 $\boldsymbol{y}$,于是$|D|=3|X|$. 由此导出矛盾.

3 多项式码

我总是把数学看作消遣的对象,而不是野心的对象.我向你保证,我欣赏他人的工作更甚于我自己的工作,我总是不满意自己的工作.

——拉格朗日(Lagrange)给达朗贝尔的信

本章用有限域上的多项式来构造一批好的线性码,它们都是 MDS 码,即达到 Singleton 界 $n=k+d-1$.在介绍这种线性码之前,先要讲述有限域上多项式的一些基本知识.

3.1 有限域上的多项式

读者已经熟悉实系数或复系数多项式的许

多知识. 有限域上的多项式有许多性质和它们是相似的. 这些相似的性质叙述得比较简略,但是要着重指出有限域上多项式一些特殊的性质.

有限域 F_p 上的多项式可以表示成

$$f(x) = a_n x^n + a_{n-1} x^{n-1} + \cdots + a_1 x + a_0 = \sum_{i=0}^{n} a_i x^i,$$

其中,系数 $a_i(0 \leqslant i \leqslant n)$都为 F_p 中的元素. 如果 $a_n \neq 0$,称 $f(x)$是 n 次多项式,$f(x)$的次数表示成 $\deg(f)$. 例如,0 次多项式就是非零的常数 $f(x)=a(0 \neq a \in F_p)$,从而 0 次多项式共有 $p-1$个. 规定恒为 0 的多项式 $f \equiv 0$ 的次数为 $-\infty$(负无穷),它小于任何非零多项式的次数.

有限域 F_p 上的多项式全体组成的集合记成 $F_p[x]$. 在这个集合上可以像实系数多项式那样定义加减乘运算:

$$\left(\sum_{i=0}^{n} a_i x^i\right) \pm \left(\sum_{i=0}^{n} b_i x^i\right) = \sum_{i=0}^{n} (a_i \pm b_i) x^i,$$

$$\left(\sum_{i=0}^{n} a_i x^i\right)\left(\sum_{j=0}^{m} b_j x^j\right) = \sum_{i=0}^{n} \sum_{j=0}^{m} a_i b_j x^{i+j} \quad \text{(分配律)}$$

$$= \sum_{l=0}^{n+m} c_l x^l, \quad \text{(合并同类项)}$$

其中

$$c_l = \sum_{\substack{0 \leqslant i \leqslant n \\ 0 \leqslant j \leqslant m \\ i+j=l}} a_i b_j = \sum_{0 \leqslant i \leqslant l} a_i b_{l-i}.$$

例如,在 $F_3[x]$中,

$$\begin{aligned}(1+x)-(2+x^2) &= (1-2)+x-x^2 \\ &= 2+x+2x^2,\end{aligned}$$

$$(1+2x)(1+x) = 1+2x+x+2x^2 = 1+2x^2.$$

这样定义的加法和乘法运算满足结合律、交换律和分配律,所以 $F_p[x]$是一个(交换)环,叫做有限域 F_p 上的多项式环.

引理 3.1.1 设 $f(x),g(x)\in F_p[x]$,则

(1)$\deg(f+g)\leqslant\max\{\deg(f),\deg(g)\}$, $\deg(fg)=\deg(f)+\deg(g)$;

(2)若 $f(x)g(x)=0$,则 $f(x)$和 $g(x)$至少有一个为 0.

证明 (1)设 $n=\deg(f)$,$m=\deg(g)$. 如果 $n,m\geqslant 0$,即 f 和 g 均不为零多项式,则 f 和 g 的最高次项分别为 a_nx^n 和 b_mx^m,其中 a_n 和 b_m 均是 F_p 中的非零元素. 于是 $f(x)g(x)$的最高次项为 $a_nb_mx^{n+m}$,$a_nb_m\neq 0$. 从而 $\deg(fg)=n+m=\deg(f)+\deg(g)$. 当 f 或 g 为零多项式时,如$f(x)=0$,则 $\deg(f)=-\infty$,仍旧有 $\deg(fg)$

$=\deg(0)=-\infty=-\infty+\deg(g)=\deg(f)+\deg(g)$. 关于不等式 $\deg(f+g)\leqslant\max\{\deg(f),\deg(g)\}$的证明留给读者.

(2)若 $f(x)g(x)=0$,则$-\infty=\deg(fg)=\deg(f)+\deg(g)$,从而 $\deg(f)$和 $\deg(g)$至少有一个为$-\infty$,即 f 和 g 至少有一个为零多项式. 证毕.

引理 3.1.2 对于每个正整数 k,F_p 上次数不超过$k-1$ 的多项式全体形成 F_p 上有限维向量空间,维数是 k,并且$\{1,x,x^2,\cdots,x^{k-1}\}$是它的一组基.

证明 以 S_k 表示 F_p 上次数不超过 $k-1$ 的多项式全体组成的集合. 如果 $f,g\in S_k$,即 $\deg(f)\leqslant k-1$,$\deg(g)\leqslant k-1$,则 $\deg(f+g)\leqslant\max\{\deg(f),\deg(g)\}\leqslant k-1$,所以 $f+g\in S_k$. 进而对每个 $\alpha\in F_p$,$\deg(\alpha f)\leqslant\deg(f)\leqslant k-1$,所以 $\alpha f\in S_k$. 这就表明 S_k 是 F_p 上的向量空间. 由于 S_k 中每个多项式都可唯一地表示成

$$a_{k-1}x^{k-1}+a_{k-2}x^{k-2}+\cdots+a_1x+a_0,\quad a_i\in F_p.$$

这就表明$\{1,x,x^2,\cdots,x^{k-1}\}$是向量空间 S_k 的一组基,从而维数是k(并且 S_k 中共有 p^k 个多项式).

引理 3.1.3(带余除法) 设 $f(x),g(x)\in$

$F_p[x]$，$g(x)\neq 0$. 则存在唯一决定的 $q(x)$，$r(x)\in F_p[x]$，使得

$$f(x)=q(x)g(x)+r(x),$$

$$\deg(r(x))<\deg(g(x)).$$

证明 可以像实系数多项式一样的证明，此处从略. $q(x)$ 和 $r(x)$ 分别叫用 $g(x)$ 去除 $f(x)$ 的**部分商式和余式**. 举一个例子可以说明. 对于 $F_3[x]$ 中多项式 $f(x)=x^3+x+1$ 和 $g(x)=2x^2+x$，用 $g(x)$ 去除 $f(x)$ 的算式为

$$\begin{array}{r}
2x+2\\
2x^2+x\;\overline{\big)\,x^3+x+1}\\
\underline{x^3+2x^2}\\
x^2+x+1\\
\underline{x^2+2x}\\
2x+1
\end{array}$$

所以 $2x+2$ 和 $2x+1$ 分别为部分商式和余式，即 $f(x)=(2x+2)g(x)+(2x+1)$.

上例表明，对于 $F_p[x]$ 中两个多项式 $f(x)$ 和 $g(x)\neq 0$，$f(x)$ 不一定被 $g(x)$ 除尽. 所以在多项式环 $F_p[x]$ 中可以像整数环 $\mathbb{Z}$ 中那样定义整除性(关于整数环 $\mathbb{Z}$ 的整除概念见 1.1 节).

如果用 $g(x)$ 去除 $f(x)$ 的余式 $r(x)$ 为零，即存在多项式 $q(x)\in F_p[x]$，使得 $f(x)=q(x)g(x)$，则称 $f(x)$ 被 $g(x)$ **整除**，表示成 $g(x)\mid f(x)$. 否则(即 $r(x)\neq 0$)称 $f(x)$ 不被 $g(x)$ 整

除，表示成 $g(x)|f(x)$. 当 $g(x)|f(x)$时，$g(x)$叫 $f(x)$的因式，而 $f(x)$叫 $g(x)$的倍式.

$F_p[x]$中的一个次数$\geqslant 1$ 的多项式 $f(x)$叫做不可约的，是指它不能表成两个多项式的乘积 $f(x)=g(x)h(x)$，使得 $g(x)$和 $h(x)$的次数均小于 $f(x)$的次数，即 $g(x)$和 $h(x)$都不是非零常数. 多项式环 $F_p[x]$中也有和整数环类似的分解定理：

$F_p[x]$中每个次数$\geqslant 1$ 的多项式都是有限个不可约多项式的乘积.

一个多项式叫做首 1 多项式，是指它的最高次项的系数为 1. 如果 $f(x)$的最高次项的系数为 a(F_p 中非零元素)，则 $a^{-1}f(x)$是首 1 多项式，而环 $F_p[x]$中的因式分解可以更确切地表述成：

$F_p[x]$中每个首 1 多项式都可分解成有限个首 1 不可约多项式的乘积，并且若不计因式的次序，这个分解式是唯一的.

这是一个重要的结果，但是本书中用不到它，所以就介绍至此为止. 证毕.

引理 3.1.4 (1)设 $f(x)$是 $F_p[x]$中多项式，a 是 F_p 中元素，则 a 为 $f(x)$的根(即指 $f(a)=0$)当且仅当$(x-a)$为 $f(x)$的因式.

(2)$F_p[x]$中一个 n 次多项式在 F_p 中至多有 n 个不同的根.

(3)设 $n\geqslant 1, a_1, \cdots, a_n$ 是 F_p 中 n 个不同的元素(所以 $n\leqslant p$),$b_1, \cdots, b_n$ 是 F_p 中任意 n 个元素,则在 $F_p[x]$中存在唯一的次数$\leqslant n-1$ 的多项式 $f(x)$,使得

$$f(a_i)=b_i, \quad 1\leqslant i\leqslant n.$$

证明 和实系数或复系数的情形一样.

(1)根据带余除法,用$(x-a)$去除 $f(x)$得到

$$f(x)=q(x)(x-a)+b,$$

其中 $b\in F_p$. 于是 a 为 $f(x)$的根当且仅当

$$0=f(a)=q(a)(a-a)+b=b,$$

即当且仅当 $f(x)=q(x)(x-a)$. 所以 a 为$f(x)$的根当且仅当 $x-a$ 是 $f(x)$的因式.

(2)设 $a_1, \cdots, a_l$ 为 $f(x)$在 F_p 中的不同根. 由(1)知 $f(x)=(x-a_1)q(x)$,其中 $q(x)\in F_p[x]$. 由于 a_2 为 $f(x)$的根,所以 $0=f(a_2)=(a_2-a_1)q(a_2)$. 但是 $a_2-a_1\neq 0$,从而 $q(a_2)=0$,因此$q(x)=(x-a_2)h(x)$,其中 $h(x)\in F_p[x]$,即 $f(x)=(x-a_1)q(x)=(x-a_1)(x-a_2)h(x)$. 继续下去可知 $f(x)=(x-a_1)(x-a_2)\cdots(x-a_l)s(x)$,其中 $s(x)\in F_p[x]$. 比较此式两边的次

数,可知 $\deg(f) \geqslant l$,即 $f(x)$ 在 F_p 中不同根的个数不超过 $f(x)$ 的次数.

(3)可以构造出 $F_p[x]$ 中一个次数 $\leqslant n-1$ 的多项式 $f(x)$,使得 $f(a_i)=b_i(1\leqslant i\leqslant n)$. 首先给出一个 $F_p[x]$ 中次数为 $n-1$ 的多项式 $f_1(x)$,使得

$$f_1(a_1)=1,\quad f_1(a_i)=0,\quad 2\leqslant i\leqslant n.$$

根据(2),$f_1(x)$ 必有形式 $f_1(x)=(x-a_2)\cdots(x-a_n)h(x)$. 由于 $f_1(x)$ 的次数 $\leqslant n-1$,所以 $h(x)$ 必是常数 $\alpha\in F_q$. 而条件 $f_1(a_1)=1$ 给出 $1=f_1(a_1)=(a_1-a_2)\cdots(a_1-a_n)\alpha$,即

$$\alpha=\frac{1}{(a_1-a_2)\cdots(a_1-a_n)}$$

(注意由假设 $a_1,a_2\cdots,a_n$ 是 F_p 中不同的元素,所以 α 的分母不为零),所以

$$f_1(x)=\frac{(x-a_2)\cdots(x-a_n)}{(a_1-a_2)\cdots(a_1-a_n)}.$$

类似地,可以求得 $F_p[x]$ 中次数为 $n-1$ 的多项式 $f_2(x)$,使得 $f_2(a_2)=1$. 而当 $1\leqslant i\leqslant n, i\neq 2$ 时,$f_2(a_i)=0$. 这个多项式为

$$f_2(x)=\frac{(x-a_1)(x-a_3)\cdots(x-a_n)}{(a_2-a_1)(a_2-a_3)\cdots(a_2-a_n)}.$$

一般地,对每个 $i(1\leqslant i\leqslant n)$,都可得到 $F_p[x]$ 中次

数为$n-1$的多项式 $f_i(x)$，使得 $f_i(a_i)=1$，而当$1\leqslant j\leqslant n, j\neq i$ 时，$f_i(a_j)=0$. 这个多项式为

$$f_i(x) = \frac{(x-a_1)\cdots(x-a_{i-1})(x-a_{i+1})\cdots(x-a_n)}{(a_i-a_1)\cdots(a_i-a_{i-1})(a_i-a_{i+1})\cdots(a_i-a_n)}.$$

请读者验证 $F_p[x]$中多项式

$$f(x)=b_1f_1(x)+b_2f_2(x)+\cdots+b_nf_n(x)$$

满足所要求的条件 $f(a_i)=b_i(1\leqslant i\leqslant n)$. 由于$f_i(x)(1\leqslant i\leqslant n)$的次数均为 $n-1$，所以 $\deg(f)\leqslant n-1$. 上面给出的多项式 $f(x)$叫做拉格朗日插值公式.

最后证满足条件 $f(a_i)=b_i(1\leqslant i\leqslant n)$的$F_p[x]$中次数$\leqslant n-1$ 多项式 $f(x)$是唯一的. 设$f(x)$和 $g(x)$都是满足上述条件的多项式. 令$h(x)=f(x)-g(x)$，由于 $f(x)$和 $g(x)$的次数都$\leqslant n-1$，所以 $\deg(h(x))\leqslant n-1$. 由于 $g(a_i)=f(a_i)=b_i(1\leqslant i\leqslant n)$，可知 $h(a_i)=0(1\leqslant i\leqslant n)$，即 $h(x)$有 n 个不同的根. 但是 $\deg(h(x))\leqslant n-1$. 根据(2)，$h(x)$必然为零多项式. 所以$f(x)=g(x)$. 这就证明了唯一性. 证毕.

以上就是本书中所需要的关于有限域上多项式的全部知识. 最后举几个例子.

例 3.1.1 求 $F_7[x]$中次数$\leqslant 3$ 的多项式

$f(x)$,使得 $f(1)=5, f(2)=2, f(3)=1, f(4)=2$.

解 利用拉格朗日插值公式,可知

$$\begin{aligned} f(x) = 5 \cdot \frac{(x-2)(x-3)(x-4)}{(1-2)(1-3)(1-4)} \\ + 2 \cdot \frac{(x-1)(x-3)(x-4)}{(2-1)(2-3)(2-4)} \\ + \frac{(x-1)(x-2)(x-4)}{(3-1)(3-2)(3-4)} \\ + 2 \cdot \frac{(x-1)(x-2)(x-3)}{(4-1)(4-2)(4-3)}. \end{aligned}$$

将右边多项式在 $F_7[x]$ 中展开,合并同类项之后,可算出 $f(x)=x^2+x+3$.

也可以换个方式. 令 $g(x)=f(x)-2$,则

$$g(1) = f(1) - 2 = 3, \quad g(2) = g(4) = 0,$$

$$g(3) = 1 - 2 = 6.$$

所以 $g(x)=(x-2)(x-4)h(x)$,其中 $h(x)\in F_7[x]$,$\deg(h(x))\leqslant 1$,并且

$$3 = g(1) = (1-2)(1-4)h(1),$$

$$h(1) = \frac{3}{3} = 1,$$

$$\begin{aligned} 6 = g(3) &= (3-2)(3-4)h(3) \\ &= 6h(3), \end{aligned}$$

$$h(3) = 1,$$

于是 $h(x)=1$,而 $g(x)=(x-2)(x-4)=x^2+$

$x+1$,最后得到 $f(x)-g(x)+2=x^2+x+3$.

例 3.1.2 对于每个固定的正整数 n 和素数 p,$F_p[x]$中 n 次多项式只有有限多个. 因为 $F_p[x]$中每个 n 次多项式可写成 $a_nx^n+a_{n-1}x^{n-1}+\cdots+a_1x+a_0$,其中,$a_n$ 可取 F_p 中任何非零元素,而 $a_{n-1},\cdots,a_0$ 可取 F_p 中任何元素. 所以 $F_p[x]$中 n 次多项式的个数为$(p-1)p^{n-1}$,而 $F_p[x]$中 n 次首 1 多项式的个数为 p^{n-1}.

$F_p[x]$中 n 次不可约多项式的个数和 n 次首 1 不可约多项式的个数当然也都是有限的,并且前者是后者的 $p-1$ 倍. 要计算它们的个数,需要初等数论中一些计数的技巧(叫做默比乌斯变换). 但是当 n 和 p 比较小时,可以把 $F_p[x]$中所有 n 次首 1 不可约多项式全部举例出来.

例如,求 $F_2[x]$中全部 3 次不可约多项式. 对于 $F_2[x]$中每个 3 次首 1 多项式

$$f(x)=x^3+a_2x^2+a_1x+a_0,\quad a_i\in F_2,$$

若 $f(x)$可约,则由 $f(x)$的次数为 3,可知 $f(x)$必有 1 次的多项式因式. 根据引理 3.1.4(1),这相当于 $f(x)$在 F_2 中有根,即 $f(0)=0$ 或者 $f(1)=0$. 由于 $f(0)=a_0$,$f(1)=1+a_2+a_1+a_0$. 所以

$$f(x)\text{不可约}\Leftrightarrow a_0=1\text{ 并且 }1+a_2+a_1+a_0=1$$
$$\Leftrightarrow a_0=1\text{ 并且 }a_2+a_1=1.$$

因此 $F_2[x]$中共有 2 个 3 次不可约多项式 x^3+x^2+1 和 x^3+x+1.

一般来说,当 n 较大时,要判别 $F_p[x]$中一个 n 次多项式是否不可约是困难的(类似于判别一个大整数是否为素数).通过上机计算,目前已构造了有限域上一些不可约多项式的表格供人们使用,判别有限域上多项式不可约性的算法也不断完善.另一方面,要把有限域上一个多项式完全分解成不可约多项式的乘积则更为困难(类似于将大整数分解成素数的乘积).这些问题不仅有理论的兴趣,在通信应用中也具有重要的实际价值.

习 题 3.1

1. 在 $F_5[x]$中求次数$\leqslant 3$ 的多项式 $f(x)$,使得它满足下列条件:

(1) $f(1)=4, f(2)=2, f(3)=0, f(4)=1$;

(2) $f(1)=2, f(2)=4, f(3)=1, f(4)=3$;

(3) $f(0)=0, f(2)=f(3)=1, f(4)=4$.

2.(1) 求出 $F_3[x]$中所有 2 次首 1 不可约多项式;

(2) 求出 $F_2[x]$中所有 4 次不可约多项式.

3. 证明 $F_p[x]$中 2 次首 1 不可约多项式的个数为$\frac{1}{2}p(p-1)$.

3.2 多项式码

现在利用 3.1 节所述的有限域上多项式性质来构造一些 MDS 线性码.

设 $a_1,\cdots,a_n$ 是 F_p 中 n 个不同的元素(于是 $n\leqslant p$),$1\leqslant k\leqslant n$,对 $F_p[x]$中每个次数$\leqslant k-1$ 的多项式 $f(x)$,可以得到 F_p^n 中一个向量

$$\boldsymbol{c}_f=(f(a_1),f(a_2),\cdots,f(a_n))\in F_p^n.$$

以 C 表示 F_p^n 中所有这些向量所构成的集合.

定理 3.2.1 上面构造的 C 是参数为$[n,k,d]$的 p 元线性码,其中 $d=n-k+1$,从而是 MDS 码.

证明 已经知道,$F_p[x]$中次数$\leqslant k-1$ 的全体多项式组成的集合 S_k 是 F_p 上的 k 维向量空间(引理 3.1.2).现在考虑映射

$$\varphi: S_k \longrightarrow F_p^n,$$

其中,对每个 $f(x) \in S_k$(即 $f(x)$ 为 $F_p[x]$ 中次数$\leqslant k-1$ 的多项式),φ 把 $f(x)$ 映成 $\boldsymbol{c}_f$:

$$\varphi(f) = \boldsymbol{c}_f = (f(a_1), \cdots, f(a_n)) \in F_p^n.$$

读者验证 φ 是 F_p 上的线性映射,即对于 $f, g \in S_k$ 和 $\alpha, \beta \in F_p$,有 $\varphi(\alpha f + \beta g) = \alpha\varphi(f) + \beta\varphi(g)$.

线性映射的象 $\mathrm{Im}(\varphi)$ 就是 C,所以 C 是 F_p^n 的向量子空间,即 C 是 p 元线性码. C 的码长显然是 n,而 C 的信息位数 k 为 $\dim C = \dim(\mathrm{Im}\varphi)$. 根据线性代数,有

$$\dim(\ker\varphi) + \dim(\mathrm{Im}\varphi) = \dim \mathrm{S}_k = k.$$

为决定 $\dim(\mathrm{Im}\varphi)$,只需决定 φ 的核

$$\ker\varphi = \{f \in S_k \mid \varphi(f) = c_f = 0 \in F_p^n\}$$

的维数. 设 $f \in S_k$(即 $f(x) \in F_p[x]$,并且 $\deg(f) \leqslant k-1$),则

$$f \in \ker\varphi \Leftrightarrow \boldsymbol{c}_f = (f(a_1), \cdots, f(a_n)) = 0 \in F_p^n$$
$$\Leftrightarrow a_1, \cdots, a_n \text{ 均是 } f(x) \text{ 的根}.$$

但是 $f(x)$ 的次数$\leqslant k-1 < n$. 如果 $f(x)$ 有 n 个不同的根 $a_1, \cdots, a_n$,必然 $f=0$(引理 3.1.4(2)). 这就证明了 $\ker\varphi = (0)$. 于是 C 的信息位数为 $\dim S_k - \dim(\ker\varphi) = k - 0 = k$.

最后来决定 C 的最小距离 d,证明 $d \geqslant n-k$

$+1$. 如果 $d \leqslant n-k$,则 C 中存在汉明重量 $\leqslant n-k$ 的非零码字 $\boldsymbol{c}_f=(f(a_1),\cdots,f(a_n))$,其中,$f(x)\in F_p[x]$,$\deg(f)\leqslant k-1$. 这时,$\boldsymbol{c}_f$ 的分量至多有 $n-k$ 个不为零,即至少有 k 个分量为 0,所以 $a_1,\cdots,a_n$ 当中至少有 k 个是 $f(x)$ 的根. 但是 $\deg(f)\leqslant k-1$,所以必然 $f=0$,于是 $\boldsymbol{c}_f$ 为零向量. 这就与 $\boldsymbol{c}_f$ 是非零码字的假设相矛盾,从而证明了 $d\geqslant n-k+1$. 另一方面,Singleton 界给出 $d\leqslant n-k+1$. 所以 $d=n-k+1$. 证毕.

定理 3.2.1 给出了一批好的线性码,叫做**多项式码**. 它的缺点是由于 $a_1,\cdots,a_n$ 是 F_p 中不同元素,所以要求 $n\leqslant p$. 当 p 是小素数时,多项式码的码长太小. 所以只对 p 为大素数的情形才能构造出有用的多项式码.

读者自然会问到:作为线性码,如何给出多项式码的一个生成矩阵和校验矩阵?

利用线性代数知识,很容易给出 C 的一组基. 因为 $\{1,x,x^2,\cdots,x^{k-1}\}$ 是 S_k 的一组基(引理 3.1.2),而 $\varphi: S_k \rightarrow F_p^n$ 是线性映射并且是单射(即 $\ker\varphi=(0)$),所以 $f(x)=1,x,x^2,\cdots,x^{k-1}$ 在 φ 之下的象 $\boldsymbol{c}_f=(f(a_1),\cdots,f(a_n))$ 就是 C 的一组基. 它们作为行向量就给出 C 的如下生成矩阵:

$$G=\begin{bmatrix} 1 & 1 & \cdots & 1 \\ a_1 & a_2 & \cdots & a_n \\ \vdots & \vdots & & \vdots \\ a_1^{k-1} & a_2^{k-1} & \cdots & a_n^{k-1} \end{bmatrix}=\begin{bmatrix} c_1 \\ c_x \\ \vdots \\ c_{x^{k-1}} \end{bmatrix}.$$

利用这个生成矩阵也可证明 C 是 MDS 码. 因为 $\boldsymbol{G}$ 的任何 k 列构成的行列式均为范德蒙德行列式. 由于 $a_1,\cdots,a_n$ 是两两不同的元素,这些行列式均不为零. 这表明 $\boldsymbol{G}$ 的任何 k 列都是线性无关的. 根据定理 2.3.1,$\boldsymbol{C}$ 是 MDS 码,即 $d=n-k+1$.

下面是构造 $\boldsymbol{C}$ 的校验阵的一种方法. 利用拉格朗日插值公式,可以求出 $F_p[x]$中 k 个次数$\leqslant k-1$ 的多项式 $f_i(x)(1\leqslant i\leqslant k)$,使得

$$f_i(a_j)=\begin{cases} 1, & i=j, \\ 0, & i\neq j, \end{cases} \quad 1\leqslant i,j\leqslant k.$$

由于 $f_i\in S_k(1\leqslant i\leqslant k)$,从而又有 C 的生成矩阵

$$\boldsymbol{G}'=\begin{bmatrix} f_1(a_1) & \cdots & f_1(a_n) \\ \vdots & & \vdots \\ f_k(a_1) & \cdots & f_k(a_n) \end{bmatrix}=[\boldsymbol{I}_k\,\boldsymbol{P}],$$

其中,

$$\boldsymbol{P}=\begin{bmatrix} f_1(a_{k+1}) & \cdots & f_1(a_n) \\ \vdots & & \vdots \\ f_k(a_{k+1}) & \cdots & f_k(a_n) \end{bmatrix}.$$

于是给出 C 的一个校验矩阵

$$\boldsymbol{H} = [-\boldsymbol{P}^{\mathrm{T}} \quad \boldsymbol{I}_{n-k}].$$

例 3.2.1 取 F_7 中元素 $a_1,\cdots,a_6$ 分别为 $0,1,\cdots,5$. 取 $k=2$. 对应的多项式码为

$$C=\{\boldsymbol{c}_f=(f(0),f(1),\cdots,f(5))\in F_7^6 \mid f(x) =a+bx\in F_7[x]\},$$

这是参数为$[n,k,d]=[6,2,5]$的 7 元线性码. 由 $f(x)=1$ 和 x 给出的$\boldsymbol{c}_f$ 是C 的一组基,从而 C 有生成矩阵

$$\boldsymbol{G}=\begin{bmatrix}1&1&1&1&1&1\\0&1&2&3&4&5\end{bmatrix}=\begin{bmatrix}c_1\\c_x\end{bmatrix}.$$

由于 $c_1-c_x=(1\ 0\ 6\ 5\ 4\ 3)$和 c_x 也是C 的一组基,所以 C 也有生成矩阵

$$\boldsymbol{G}'=\begin{bmatrix}c_1-c_x\\c_x\end{bmatrix}=\begin{bmatrix}1&0&6&5&4&3\\0&1&2&3&4&5\end{bmatrix}=[\boldsymbol{I}_2\ \boldsymbol{P}].$$

由此给出 C 的一个校验矩阵

$$\boldsymbol{H}=[-\boldsymbol{P}^{\mathrm{T}} \quad \boldsymbol{I}_4]=\begin{bmatrix}1&5&1&0&0&0\\2&4&0&1&0&0\\3&3&0&0&1&0\\4&2&0&0&0&1\end{bmatrix}.$$

由 $d=5$ 可知它可以纠正$\leqslant 2$ 位错误. 设发方传码字 $\boldsymbol{c}\in C$,信道发生错误 $\boldsymbol{\varepsilon}\in F_7^6$, $w_H(\boldsymbol{\varepsilon})\leqslant 2$. 如

果收到 $\boldsymbol{y}(=\boldsymbol{x}+\boldsymbol{\varepsilon})=(6\ 2\ 3\ 5\ 5\ 6)$. 收方计算

$$\boldsymbol{a}=\boldsymbol{H}\,\boldsymbol{y}^{\mathrm{T}}=\begin{bmatrix}1&5&1&0&0&0\\2&4&0&1&0&0\\3&3&0&0&1&0\\4&2&0&0&0&1\end{bmatrix}\begin{bmatrix}6\\2\\3\\5\\5\\6\end{bmatrix}$$

$$=\begin{bmatrix}5\\4\\1\\6\end{bmatrix}\neq\begin{bmatrix}0\\0\\0\\0\end{bmatrix}.$$

从而 $\boldsymbol{y}$ 不是码字,即信道发生了错误. 又由于 a 不与 $\boldsymbol{H}$ 的任何列向量成比例,可知错位个数大于 1. 进而

$$\boldsymbol{a}=\begin{bmatrix}5\\4\\1\\6\end{bmatrix}=5\begin{bmatrix}1\\2\\3\\4\end{bmatrix}+\begin{bmatrix}0\\1\\0\\0\end{bmatrix}.$$

可知 $\boldsymbol{y}$ 的第 1 位和第 4 位有错,错值分别为 5 和 1,即 $\boldsymbol{\varepsilon}=(500100)$. 于是 $\boldsymbol{y}-\boldsymbol{\varepsilon}=(623556)-(500100)=(123456)$就是发出的正确码字.

如果在构造多项式码时,$a_1,\cdots,a_n$ 取 F_p 中

全部元素$\{0,1,2,\cdots,p-1\}$,则这种多项式码具有特别的性质.

定理 3.2.2 设$n=p$,取$a_1,\cdots,a_p$分别为F_p中元素$0,1,\cdots,p-1$. $1\leqslant k\leqslant p-1$,以$C_k$表示由此构造的$p$元多项式码,即

$$C_k=\{\boldsymbol{c}_f=(f(0),f(1),\cdots,f(p-1))\in F_p^p \mid f(x)\in F_p[x],\deg(f)\leqslant k-1\},$$

则(1) C_k是参数为$[p,k,d]$的p元MDS线性码,其中$d=p-k+1$.

(2) $C_k^{\perp}=C_{p-k}$. 特别若$2k\leqslant p$时,C_k是自正交码.

证明 (1)是定理3.2.1的直接推论.

(2)C_k有如下的生成矩阵:

$$\boldsymbol{G}_k=\begin{bmatrix}1 & 1 & 1 & \cdots & 1\\ 0 & 1 & 2 & \cdots & p-1\\ \vdots & \vdots & \vdots & & \vdots\\ 0 & 1^{k-1} & 2^{k-1} & \cdots & (p-1)^{k-1}\end{bmatrix}.$$

为证$C_k^{\perp}=C_{p-k}$,只需证C_{p-k}的生成矩阵

$$\boldsymbol{G}_{p-k}=\begin{bmatrix}1 & 1 & 1 & \cdots & 1\\ 0 & 1 & 2 & \cdots & p-1\\ \vdots & \vdots & \vdots & & \vdots\\ 0 & 1^{p-k-1} & 2^{p-k-1} & \cdots & (p-1)^{p-k-1}\end{bmatrix}$$

是C_k的校验矩阵,也就是要证$\boldsymbol{G}_k\boldsymbol{G}_{p-k}^{\mathrm{T}}=0$. 这相

当于要证明

$$\sum_{i=0}^{p-1} i^l = 0 \in F_p, \quad 0 \leqslant l \leqslant p-2. \qquad (3.2.1)$$

这里规定 $0^0=1$. 当 $l=0$ 时, $\sum_{i=0}^{p-1} i^0 = \sum_{i=0}^{p-1} 1 = p = 0 \in F_p$. 当 $1 \leqslant l \leqslant p-2$ 时, F_p 中有 $p-1$ 个非零元素, 而多项式 x^l-1 的次数 $\leqslant p-2$, 所以 F_p 中必有非零元素 a 不是 x^l-1 的根, 即 $a^l \neq 1$. 当 i 过 F_p 中所有元素时, ai 也过 F_p 中所有元素. 因此

$$\sum_{i=0}^{p-1} i^l = \sum_{i=0}^{p-1} (ai)^l = a^l \sum_{i=0}^{p-1} i^l.$$

由 $a^l \neq 1$ 可知 $\sum_{i=0}^{p-1} i^l = 0$. 于是证明了式(3.2.1), 从而也证明了 $C_k^{\perp} = C_{p-k}$.

由 C_k 的定义可知当 $1 \leqslant k \leqslant l \leqslant p-1$ 时, $C_k \leqslant C_l$. 如果 $2k \leqslant p$, 则 $k \leqslant p-k$, 所以 $C_k \subseteq C_{p-k} = C_k^{\perp}$. 因此 C_k 是自正交码. 证毕.

例 3.2.2 考虑 F_7 上以

$$\boldsymbol{H} = \begin{bmatrix} 1 & 1 & 1 & 1 & 1 & 1 & 1 \\ 0 & 1 & 2 & 3 & 4 & 5 & 6 \\ 0 & 1^2 & 2^2 & 3^2 & 4^2 & 5^2 & 6^2 \\ 0 & 1^3 & 2^3 & 3^3 & 4^3 & 5^3 & 6^3 \end{bmatrix}$$

$$=\begin{bmatrix}1&1&1&1&1&1&1\\0&1&2&3&4&5&6\\0&1&4&2&2&4&1\\0&1&1&-1&1&-1&-1\end{bmatrix}$$

为校验阵的线性码 C. 用定理 3.2.2 中的符号，C 是 C_4 的对偶码，于是 $C=C_4^{\perp}=C_3$，并且 C 的参数为 $[n,k,d]=[7,3,5]$，从而可以纠正≤2 位错. $\boldsymbol{H}$ 的前 3 行构成的矩阵是 C 的一个生成阵.

可以用前面所述的方法纠正≤2 位错. 以下把向量 $\boldsymbol{v}$ 记为 $(v_0,v_1,\cdots,v_6)$，它的 7 位从左到右依次叫做第 0,1,⋯,6 位. 设发出码字为 $\boldsymbol{c}$，错误向量为 $\boldsymbol{\varepsilon}$，$0\leqslant w(\boldsymbol{\varepsilon})\leqslant 2$，则收到向量为 $\boldsymbol{y}=\boldsymbol{c}+\boldsymbol{\varepsilon}$. 收方计算

$$\boldsymbol{a}=\boldsymbol{H}\,\boldsymbol{y}^{\mathrm{T}}=\begin{bmatrix}a_0\\a_1\\a_2\\a_3\end{bmatrix}.$$

如果 $\boldsymbol{a}=\boldsymbol{0}$（零向量），则 $\boldsymbol{\varepsilon}=\boldsymbol{0}$，$\boldsymbol{y}=\boldsymbol{c}$（无错）. 若 $\boldsymbol{a}$ 是 $\boldsymbol{H}$ 的某列的非零常数倍，即

$$\boldsymbol{a}=\begin{bmatrix}a_0\\a_1\\a_2\\a_3\end{bmatrix}=\alpha\begin{bmatrix}1\\t\\t^2\\t^3\end{bmatrix},\quad \alpha\neq 0,0\leqslant t\leqslant 6,\quad (3.2.2)$$

则 $w(\boldsymbol{\varepsilon})=1$，$\boldsymbol{\varepsilon}$ 的第 t 位为 α，只有 1 位错误，错位为 t，错值为 α. 这种情形可以用算出的向量 $\boldsymbol{a}=\boldsymbol{H}\,\boldsymbol{y}^{\mathrm{T}}=(a_0,a_1,a_2,a_3)$来判别. 因为式(3.2.2)成立当且仅当 $a_0\neq 0$ 并且$(a_1,a_2,a_3)=t(a_0,a_1,a_2)$，其中 t 是 F_7 中元素，并且上面条件成立时，只有 1 位出错，错位为 t，错值为 $a_0(=\alpha)$. 否则，a 必为 $\boldsymbol{H}$ 中两列的线性组合

$$\boldsymbol{a}=x\begin{bmatrix}1\\ i\\ i^2\\ i^3\end{bmatrix}+x'\begin{bmatrix}1\\ j\\ j^2\\ j^3\end{bmatrix}, \qquad (3.2.3)$$

其中，$1\leqslant x,x'\leqslant 6$，$0\leqslant i\neq j\leqslant 6$. 这时 $w(\boldsymbol{\varepsilon})=2$，其中，$\boldsymbol{\varepsilon}$ 的第 i 位和第 j 位分别为 x 和 x'，其余位上均为 0，即 y 在第 i 和 j 位是错位，错值分别为 x 和 x'.

现在对例 3.2.2 给出一种新的纠错译码算法. 假设错位个数$\leqslant 2$，即可能的错位只有 i 和 j，错值分别为 x 和 x'. 于是式(3.2.3)成立，即

$$x+x'=a_0,\quad ix+jx'=a_1,$$
$$i^2x+j^2x'=a_2,\quad i^3x+j^3x'=a_3, \qquad (3.2.4)$$

其中，$\boldsymbol{a}=(a_0,a_1,a_2,a_3)^{\mathrm{T}}=\boldsymbol{H}\,\boldsymbol{y}^{\mathrm{T}}$ 由收方算出，

是已知的,需要求出 $\mathbf{F}_7$ 中的未知元素 x,x'(错值)和 i,j(错位).原则上,由式(3.2.4)中 4 个方程在 F_7 中可以解出 4 个未知量 x,x',i,j 来.但是方程是非线性的.需要给出一个好的解法便于上机计算.下面是一个实用的解法:

令 $\sigma=i+j,\tau=ij$,则由式(3.2.4)可知

$$\begin{aligned}a_0\tau-a_1\sigma+a_2&=(x+x')ij-(ix+jx')(i+j)\\&\quad+i^2x+j^2x'\\&=x(ij-i^2-ij+i^2)\\&\quad+x'(ij-ij-j^2+j^2)\\&=0,\end{aligned}$$

$$\begin{aligned}a_1\tau-a_2\sigma+a_3&=(ix+jx')ij-(i^2x+j^2x')(i+j)\\&\quad+i^3x+j^3x'\\&=x(i^2j-i^3-i^2j+i^3)\\&\quad+x'(ij^2-ij^2+j^3-j^3)\\&=0.\end{aligned}$$

所以 τ 和 σ 满足二元一次方程组

$$a_0\tau-a_1\sigma=-a_2,\quad a_1\tau-a_2\sigma=-a_3. \tag{3.2.5}$$

这个线性方程组的系数矩阵为 $\begin{pmatrix}a_0 & -a_1\\ a_1 & -a_2\end{pmatrix}$,它的行列式为 $a_1^2-a_0a_2$.由式(3.2.4)知

$$\begin{aligned}a_1^2-a_0a_2&=(ix+jx')^2-(x+x')(i^2x+j^2x')\\&=(i-j)^2xy.\end{aligned}$$

当出现两个错位的时候，$i\neq j$(两个不同的错位)并且 x 和 y 这两个错值均不为零. 于是 $a_1^2-a_0a_2\neq 0$，所以由方程组可解出 $\sigma=i+j$ 和 $\tau=ij$ 来：

$$\tau=\frac{a_2^2-a_1a_3}{a_1^2-a_0a_2},\quad \sigma=\frac{a_1a_2-a_0a_3}{a_1^2-a_0a_2}. \tag{3.2.6}$$

由于算出的 σ 和 τ 分别是 $i+j$ 和 ij，由韦达定理可知错位 i 和 j 是二次方程

$$Z^2-\sigma Z+\tau=0$$

的两个根. 可以像实数域或复数域情形一样，通过配方得到上述二次方程的求解公式，即 i 和 j 是此方程的如下两个解：

$$\frac{1}{2}(\sigma\pm\sqrt{\sigma^2-4\tau}) \tag{3.2.7}$$

(注意在 F_7 中 $2\neq 0$，从而可用 2 作分母). 求到错位 i 和 j 之后，在 i 位和 j 位的错值 x 和 x' 可由式(3.2.4)中前 2 个方程算出

$$x=\frac{ja_0-a_1}{j-i},\quad x'=\frac{a_1-ia_0}{j-i}. \tag{3.2.8}$$

综合上述便得到如下的纠错译码算法：设采用 F_7 上线性码 C 时信道错位数 $\leqslant 2$，则在收方收到 $\boldsymbol{y}$ 之后，

(1) 计算 $\boldsymbol{a}=\boldsymbol{H}\,\boldsymbol{y}^{\mathrm{T}}=(a_0,a_1,a_2,a_3)^{\mathrm{T}}\in F_7^4$.

(2) 如果 $\boldsymbol{a}$ 是零向量,即 $a_0=a_1=a_2=a_3=0$,则 $\boldsymbol{y}$ 是正确码字(无错).

(3) 如果 $a_0\neq 0$ 并且 $t(a_0,a_1,a_2)=(a_1,a_2,a_3)$,其中 t 是 F_7 中元素,则只有 1 位错,错位为 t,错值为 a_0.

(4) 若(2)和(3)均不成立,则 $a_1^2-a_0a_2\neq 0$,并且有 2 位错. 由式(3.2.6)算出 σ 和 τ,然后由式(3.2.7)算出的 i 和 j 便是错位. 它们的错值 x 和 x' 由式(3.2.8)算出.

例如,收到向量为 $\boldsymbol{y}=(1114\ 131)$,假如错位个数$\leqslant$2. 按上述算法计算,

$$\boldsymbol{a}=\boldsymbol{H}\,\boldsymbol{y}^{\mathrm{T}}=\begin{bmatrix}1&1&1&1&1&1&1\\0&1&2&3&4&5&6\\0&1&4&2&2&4&1\\0&1&1&6&1&6&6\end{bmatrix}\begin{bmatrix}1\\1\\1\\4\\1\\3\\1\end{bmatrix}$$

$$=\begin{bmatrix}5\\5\\0\\2\end{bmatrix}=\begin{bmatrix}a_0\\a_1\\a_2\\a_3\end{bmatrix}.$$

由于 $a_0\neq 0$ 并且$(a_0,a_1,a_2)=(5,5,0)$和$(a_1,a_2,a_3)=(5,0,2)$不成比例,可知有两位出错.再计算

$$\tau=\frac{a_2^2-a_1a_3}{a_1^2-a_0a_2}=1,\quad \sigma=\frac{a_1a_2-a_0a_3}{a_1^2-a_0a_2}=1,$$

而二次方程 $Z^2-\sigma Z+\tau=Z^2-Z+1$ 在 F_7 中两个解为$\frac{1}{2}(1\pm\sqrt{1-4})=\frac{1}{2}(1\pm\sqrt{4})=\frac{1}{2}(1\pm 2)=3$ 和 5,所以两个错位为 $i=3$ 和 $j=5$,对应的错值 x 和 x' 为

$$x=\frac{ja_0-a_1}{j-i}=3,\quad x'=\frac{ia_0-a_1}{i-j}=2.$$

于是正确码字为 $\boldsymbol{y}-(0003020)=(1114131)-(0003020)=(1111111)$.

这个算法在工程中比前面介绍的(看 $\boldsymbol{y}\boldsymbol{H}^{\mathrm{T}}$ 是 $\boldsymbol{H}$ 的哪些列的线性组合)方法要方便.在这个算法中,要在有限域上解二元一次方程(即在 F_p 中要计算一个元素的平方根),并且涉及高次方程组(3.2.4).所以不仅是有限域上的线性代数(即线性方程组理论),而且有限域上解高次方程组也在信息领域有实际的应用.

习　题　3.2

1. 对于例 3.2.2 中的 7 元线性码 C. 如果收到向量为 $\boldsymbol{y}=(0265626)$, (2410142), (2315324), 并且假设在传输时错位数$\leqslant 2$, 试将它们均译成正确的码字.

2. 设 p 为素数, $1\leqslant k\leqslant p-2$. 如下定义两类线性码:

$$C'_k=\{\boldsymbol{c}_f=(f(1),f(2),\cdots,f(p-1))\in F_p^{p-1}\mid f\in F_p[x],\deg(f)\leqslant k-1\},$$

$$C''_k=\{\boldsymbol{c}_f=(f(1),\cdots,f(p-1))\in F_p^{p-1}\mid f\in F_p[x],\deg(f)\leqslant k-1,f(0)=0\}.$$

证明　(1) C'_k 和 C''_k 分别是参数 $[p-1,k,d']$ 和 $[p-1,k-1,d'']$ 的 MDS 码.

(2) $(C''_k)^{\perp}=C'_{p-k}$ 并且当 $2k<p$ 时, C''_k 是自正交码.

4 二元里德-米勒码

我的业余爱好之一是学习近世代数.

——里德(Reed)

本章介绍一类二元线性码，它是由里德(Reed)和米勒(Muller)于1954年独立给出的，今后简记为RM码. 这种二元线性码的构造需要布尔函数的一些知识.

4.1 m元布尔函数

定义4.1.1 设m为正整数. 一个m元布尔函数$f=f(x_1,\cdots,x_m)$是由F_2^m到F_2的映射，

即m个变量$x_1,\cdots,x_m$均取值于F_2,并且函数值也属于F_2.换句话说,m元布尔函数是一个映射

$$f=f(x_1,\cdots,x_m):F_2^m\longrightarrow F_2,$$

其中,对每个$(a_1,\cdots,a_m)\in F_2^m$,函数$f$在$(a_1,\cdots,a_m)$的取值记成$f(a_1,\cdots,a_m)\in F_2$.由于$F_2^m$中向量的个数为$2^m$,而$f$在每个向量的取值均彼此独立地可取1或0,所以$m$元布尔函数共有$2^{2^m}$个.当$m$较大时,$m$元布尔函数有很多个.

例如,一元布尔函数$f(x)$共有$2^{2^1}=4$个,它们是:

$f(0)=f(1)=0$,即$f(x)\equiv 0$,

$f(0)=f(1)=1$,即$f(x)\equiv 1$,

$f(0)=0,f(1)=1$,即$f(x)=x$,

$f(0)=1,f(1)=0$,即$f(x)=x+1$.

所以一元布尔函数$f(x)$都可表示成x的多项式.注意$f(x)=x^2$和$g(x)=x$是不同的多项式,但是它们为同一个布尔函数,因为$f(0)=g(0)=0,f(1)=g(1)=1$,即对F_2中每个元素a,$f(x)$和$g(x)$的函数值都相等.

一般地,对于每个关于$x_1,\cdots,x_m$的多项式$f(x_1,\cdots,x_m)$(系数均属于F_2),如果把其中出现的所有$x_i^l\,(l\geqslant 1)$均改成x_i,所得的多项式$g(x_1,\cdots,x_m)$和$f(x_1,\cdots,x_m)$是同一个m元布

尔函数. 而新的多项式 $g(x_1,\cdots,x_m)$ 有形式

$$
\begin{aligned}
g(x_1,\cdots,x_m)=c+c_1x_1+\cdots+c_mx_m& \\
+c_{12}x_1x_2+c_{13}x_1x_3+\cdots& \\
+c_{m-1,m}x_{m-1}x_m+c_{123}x_1x_2x_3+\cdots& \\
+c_{12\cdots m}x_1x_2\cdots x_m,& \qquad (4.1.1)
\end{aligned}
$$

其中,所有的系数 $c_{i_1\cdots i_l}(1\leqslant i_1<i_2<\cdots<i_l\leqslant m,l\geqslant1)$ 和常数项 c 都属于 F_2. 多项式 $g(x_1,\cdots,x_m)$ 对每个变量 x_i 的次数都不超过 1,而 $c_{i_1\cdots i_l}$ 的个数为 $\{1,2,\cdots,m\}$ 的子集合的个数 2^m. 换句话说,在表达式(4.1.1)的右边,形式上共有 2^m 个单项式 $c_{i_1\cdots i_l}x_{i_1}\cdots x_{i_l}$(包括常数项). 当然在 $c_{i_1\cdots i_l}=0$ 时这个单项式在多项式 $g(x_1,\cdots,x_n)$ 中并不出现.

定理 4.1.2 每个 m 元布尔函数 $g(x_1,\cdots,x_m)$ 均可唯一地表示成(4.1.1)的多项式形式.

证明 先证 $g(x_1,\cdots,x_m)$ 必可表成(4.1.1)的形式. 为此考虑如下的多项式:

$$
\begin{aligned}
&h(x_1,\cdots,x_m)\\
=&\sum_{\boldsymbol{a}=(a_1,\cdots,a_m)\in F_2^m} g(a_1,\cdots,a_m)\\
&\cdot(x_1+a_1+1)\cdots(x_m+a_m+1).
\end{aligned}
\qquad (4.1.2)
$$

由于 $g(a_1,\cdots,a_m)\in F_2$,将右边展开再合并同类项,可知 $h(x_1,\cdots,x_m)$ 即为式(4.1.1)右边的形

式,即对每个 x^i 的次数均≤1.现在证明多项式 $h(x_1,\cdots,x_m)$和 $g(x_1,\cdots,x_m)$是同一个函数.由于

$$x_i+a_i+1=\begin{cases}0, & x_i=a_i+1,\text{即 } x_i\neq a_i,\\ 1, & x_i=a_i,\end{cases}$$

可知

$$\begin{aligned}&(x_1+a_1+1)\cdots(x_m+a_m+1)\\ =&\begin{cases}1, & (x_1,\cdots,x_m)=(a_1,\cdots,a_m),\\ 0, & \text{否则}.\end{cases}\end{aligned}$$

现在对每个$(b_1,\cdots,b_m)\in F_2^m$,在(4.1.2)式右边求和式中,当代入$(x_1,\cdots,x_m)=(b_1,\cdots,b_m)$时,只剩下$(a_1,\cdots,a_m)=(b_1,\cdots,b_m)$的那一项不为零.于是在$(x_1,\cdots,x_m)=(b_1,\cdots,b_m)$时,(4.1.2)式右边只剩下一项 $g(b_1,\cdots,b_m)$.这表明对每个$(b_1,\cdots,b_m)$,多项式 $h(x_1,\cdots,x_m)$和 $g(x_1,\cdots,x_m)$的取值都一样.所以每个 m 元布尔函数都可表示成像式(4.1.1)那样的多项式形式.由于这样的多项式有 2^{2^m} 个(它的 2^m 个系数 $c_{i_1\cdots i_l}$ 均可独立地为 0 或 1),而 m 元布尔函数也有同样多个,所以形如式(4.1.1)的不同多项式必为不同的布尔函数,这就证明了唯一性.

例 4.1.1 对于 $m=3$,设三元布尔函数 $f(x_1,x_2,x_3)$在(000),(010),(111)处取值为1,

其他处取值为 0. 由式(4.1.2)知求和式中在 f 取值为 0 的(a_1,a_2,a_3)不起作用，于是

$$\begin{aligned} & f(x_1,x_2,x_3) \\ = & \sum_{\substack{(a_1,a_2,a_3)\in F_2^3,\\ f(a_1,a_2,a_3)=1}} (x_1+a_1+1)(x_2+a_2+1)(x_3+a_3+1) \\ = & (x_1+1)(x_2+1)(x_3+1) \\ & +(x_1+1)x_2(x_3+1)+x_1x_2x_3 \\ = & 1+x_1+x_3+x_1x_3+x_1x_2x_3. \end{aligned}$$

今后以 B_m 表示全体 m 元布尔函数构成的集合. 由定理 4.1.2 可知这是 F_2 上的 2^m 维向量空间，其中，2^m 个单项式 $x_{i_1}\cdots x_{i_l}$ $(1\leqslant i_1<i_2<\cdots<i_l\leqslant m, l\geqslant 0)$是向量空间 B_m 的一组基.

m 元布尔函数 f 的定义范围 F_2^m 是一个有限集合，可以把其中 2^m 个向量排定一个次序. 通常按 $0,1,2,\cdots,2^m-1$ 的二进制展开

$$i=i_0+i_12+\cdots+i_{m-1}2^{m-1},\quad i_0,\cdots,i_{m-1}\in F_2.$$

对应于向量$(i_0,i_1,\cdots,i_{m-1})\in F_2^m$. 按此次序，$F_2^m$ 中全部向量排成：

$$v_0=(0,0,\cdots,0),\quad v_1=(1,0,\cdots,0),$$
$$v_2=(0,1,0,\cdots 0),\quad v_3=(1,1,0,\cdots,0),\cdots,$$
$$v_{n-1}=(1,1,\cdots,1),\quad n=2^m.$$

然后便可把每个 m 元布尔函数 $f(x_1,\cdots,x_m)$表示成 F_2^n 中的向量(也叫 f 的真值表或向量表示)：

$$c_f=(f(v_0),f(v_1),\cdots,f(v_{n-1}))\in F_2^n,\quad n=2^m.$$

这时,布尔函数相加和相乘分别对应于向量按分量相加和相乘.对于 $f,g\in B_m$,

$$c_{f+g}=(f(v_0)+g(v_0),\cdots,f(v_{n-1})+g(v_{n-1})),$$

$$c_{fg}=(f(v_0)g(v_0),\cdots,f(v_{n-1})g(v_{n-1})).$$

例 4.1.2 对于 $m=2,n=2^m=4$,所以二元布尔函数共有 $2^n=2^4=16$ 个.它们的多项式表达式和向量表示如表 4.1.1 所示.注意 B_2 是 F_2 上的 $n=4$ 维向量空间,$\{1,x_1,x_2,x_1x_2\}$是 B_2 的一组基.

表 4.1.1

	自变量 v_i	(00)	(10)	(01)	(11)
函数 $f(x_1,x_2)$	0	0	0	0	0
	$1+x_1+x_2+x_1x_2$	1	0	0	0
	$x_1+x_1x_2$	0	1	0	0
	$1+x_2$	1	1	0	0
	$x_2+x_1x_2$	0	0	1	0
	$1+x_1$	1	0	1	0
	x_1+x_2	0	1	1	0
	$1+x_1x_2$	1	1	1	0
	x_1x_2	0	0	0	1
	$1+x_1+x_2$	1	0	0	1
	x_1	0	1	0	1
	$1+x_2+x_1x_2$	1	1	0	1
	x_2	0	0	1	1
	$1+x_1+x_1x_2$	1	0	1	1
	$x_1+x_2+x_1x_2$	0	1	1	1
	1	1	1	1	1

对于每个 m 元布尔函数 $f=f(x_1,\cdots,x_m)$，向量 $\boldsymbol{c}_f\in F_2^n$ 的汉明重量 $w(c_f)$就是 f 在 F_2^n 上取值为 1 的个数. 以下用 $N_m(f=1)$和 $N_m(f=0)$分别表示函数 f 取值为 1 和 0 的个数，则

$N_m(f=1)=w(c_f)$， $N_m(f=0)=2^n-w(c_f)$，$n=2^m$.

引理 4.1.1 设 $m\geqslant 1$，$f\in B_m$，$\deg(f)=r$ $(0\leqslant r\leqslant m)$，则 $N_m(f=1)\geqslant 2^{m-r}$并且当 $r\leqslant m-1$ 时，$N_m(f=1)$为偶数.

证明 先证最后的论断. 对于每个次数$\leqslant m-1$ 的单项式 $g=x_{i_1}\cdots x_{i_l}(1\leqslant i_1<\cdots<i_l\leqslant m$，$l\leqslant m-1)$，$g$ 取值为 1 当且仅当 $x_{i_1}=\cdots=x_{i_l}=1$ 而其他 x_i 的值可以任取 0 或 1，所以 $N_m(g=1)=2^{m-l}$是偶数(由于 $l\leqslant m-1$)，即 c_g 的汉明重量为偶数. 每个次数$\leqslant m-1$ 的多项式 $f\in B_m$ 都是这样一些单项式之和，即 $\boldsymbol{c}_f$ 都是汉明重量为偶数的 F_2^n 中一些向量之和，所以 $N_m(f=1)=w(\boldsymbol{c}_f)$也是偶数.

现在对于 m 归纳证明引理 4.1.1 的前一论断，即证明 $f\in B_m$，$\deg(f)=r$，$0\leqslant r\leqslant m$ 时 $N_m(f=1)\geqslant 2^{m-r}$. 对于 $m=1$ 情形可以对 B_1 中 3 个一元非零布尔函数 $1,x,x+1$ 直接验证. 现在设命题对 $m-1$ 成立，$m\geqslant 2$，来证命题对 m 也成立.

当 $r=0$ 时，$f\equiv 1$，$N_m(f=1)=2^m$，当 $r=m$ 时，$f\not\equiv 0$，从而 $N_m(f=1)\geqslant 1=2^{m-r}$. 这表明命题在 $r=0$ 和 m 时成立. 以下设 $1\leqslant r\leqslant m-1$. 可把 r 次 m 元布尔函数 $f(x_1,\cdots,x_m)$ 唯一地写成

$$f=x_m h(x_1,\cdots,x_{m-1})+g(x_1,\cdots,x_{m-1}),$$

其中，$h,g\in B_{m-1}$，$\deg(h)\leqslant r-1$，$\deg(g)\leqslant r$. 如果 $h\equiv 0$，则

$f=g(x_1,\cdots,x_{m-1})$ 不依赖于 x_m，

$$\begin{aligned} f(x_1,\cdots,x_{m-1},1) &= f(x_1,\cdots,x_{m-1},0) \\ &= g(x_1,\cdots,x_{m-1}). \end{aligned}$$

所以

$$\begin{aligned} N_m(f=1) &= 2N_{m-1}(g=1) \\ &\geqslant 2\cdot 2^{m-1-r}(\text{由归纳假设}) \\ &= 2^{m-r}. \end{aligned}$$

如果 $h\not\equiv 0$，则当 $h(a_1,\cdots,a_{m-1})=1$ 时，

$f(a_1,\cdots,a_{m-1},a_m)=a_m+g(a_1,\cdots,a_{m-1})$.

而当 $h(a_1,\cdots,a_{m-1})=0$ 时，

$f(a_1,\cdots,a_{m-1},a_m)=g(a_1,\cdots,a_{m-1})$.

所以

$$\begin{aligned} N_m(f=1) &\geqslant N_{m-1}(h=1) \\ &\geqslant 2^{(m-1)-(r-1)}(\text{归纳假设}) \\ &= 2^{m-r}. \end{aligned}$$

这就归纳证明了引理 4.1.1.

多元布尔函数是通信工程中的重要数学工具.在信息安全方面,需要寻求一些布尔函数具有各种密码学的性质,用来作为加密用的密钥,这是多年来的一个热门研究课题.布尔函数看似简单,但是当 m 较大时,m 元布尔函数的个数 $2^n(n=2^m)$ 增加得很快,所以要在其中选取对于某种性质最好的全部(甚至于一个)布尔函数都相当困难.又如,为了对应于工程上用"或门"和"与门"的线路连接方式,布尔函数还可以表示成(不唯一的)逻辑表达式.给定一个布尔函数,如何表示成逻辑表达式,使得所用逻辑运算个数最小(即实现这个布尔函数的逻辑线路中所需基本逻辑元件最少),也是一个复杂而重要的实际问题.诸如此类的关于布尔函数的问题,需要用深入的数学工具(如有限傅里叶变换)、设计实用算法的技巧和上机计算的能力.本书中用到的布尔函数知识只是一些简单内容,关于更多的知识可参见其他书籍.

最后,读者可能会问:定义在二元域 F_2 上的布尔函数能否推广到任何有限域 F_p 上,一个 m 元(广义)布尔函数 $f:F_p^m\longrightarrow F_p$ 是否也都可以表示成 $x_1,\cdots,x_m$ 的多项式(系数属于 F_p)?

答案是肯定的,留给读者作为习题.

但是若正整数 $s\geqslant 4$ 不为素数,模 s 的同余类环 $Z_s=\{0,1,\cdots,s-1\}$ 不是域,m 元函数 $f=f(x_1,\cdots,x_m):Z_s^m\longrightarrow Z_s$ 不一定都能表成 x_1,x_m 的多项式形式(系数属于 Z_s). 例如,考虑最简单的情形

$$f=f(x):Z_4\longrightarrow Z_4.$$

由于对每个整数 a,$a^4\equiv a^2 \pmod 4$,所以 x^4 和 x^2 是 Z_4 上的同一个函数. 于是 Z_4 上每个多项式函数都可表示成 $c_0+c_1x+c_2x^2+c_3x^3$ 的形式,其中 $c_i\in Z_4$. 这样的表达式共 4^4 个,但是 $2x^3$ 和 $2x$ 是同一个函数,从而多项式函数少于 4^4 个. 而由 Z_4 到 Z_4 的函数共有 4^4 个,这表明存在函数 $f:Z_4\longrightarrow Z_4$ 不能表示成多项式的形式.

习　题　4.1

1. 设 p 为素数,$f(x_1,\cdots,x_m):F_p^m\longrightarrow F_p$ 叫做 F_p 上的 m 元广义布尔函数. 证明对每个 $m\geqslant 1$,

(1) F_p 上的 m 元广义布尔函数 $f(x_1,\cdots,x_m)$

都可表示成

$$f(x_i,\cdots,x_m)=\sum_{(a_1,\cdots,a_m)\in F_p^m} f(a_1,\cdots,a_m)$$
$$\cdot(1-(x_1-a_1)^{p-1})\cdots(1-(x_m-a_m)^{p-1}).$$

(2)每个 F_p 上的 m 元广义布尔函数 f 都可唯一地表示成$x_1,\cdots,x_m$ 的多项式形式，系数属于 F_p，并且对每个 $i(1\leqslant i\leqslant m)$，多项式对于 x_i 的次数均$\leqslant p-1$.

2. 证明对于 m 元布尔函数 $f(x_1,\cdots,x_m)$ 的多项式表达式(4.1.2)，

(1)常数项 $c=0$ 当且仅当 $f(0,\cdots,0)=0$.

(2)表达式(4.1.2)中没有 m 次单项式$x_1\cdots x_m$ 当且仅当 $N_m(f=1)$为偶数.

(3)如何刻画布尔函数的多项式表达式(4.1.2)中出现的单项式个数的奇偶性？(如 $f(x_1,x_2,x_3)=x_1+x_1x_2+x_1x_3+x_1x_2x_3$ 中出现的单项式个数为偶数 4.)

3. 一个 m 元布尔函数 $f(x_1,\cdots,x_m)$叫做对称布尔函数，是指对于$\{1,2,\cdots,m\}$的每个置换 σ(即 $\sigma(1),\sigma(2),\cdots,\sigma(m)$是 $1,2,\cdots,m$ 的一个排列)，均有

$$f(x_{\sigma(1)},\cdots,x_{\sigma(m)})=f(x_1,\cdots,x_m).$$

(1)写出全部二元对称布尔函数的多项式表达式.

(2)一个 m 元布尔函数 $f(x_1,\cdots,x_m)$ 是对称的,当且仅当对 F_2^m 中任意两个汉明重量相同的向量 $\boldsymbol{a}=(a_1,\cdots,a_m)$ 和 $\boldsymbol{b}=(b_1,\cdots,b_m)$,均有 $f(a_1,\cdots,a_m)=f(b_1,\cdots,b_m)$.

(3)每个 m 元对称布尔函数 $f(x_1,\cdots,x_m)$ 都可唯一地表示成一些初等对称函数 $\sigma_l(x_1,\cdots,x_m)(0\leqslant l\leqslant m)$ 之和

$$
\begin{aligned}
f(x_1,\cdots,x_m)=&b_0\sigma_0(x_1,\cdots,x_m)\\
&+b_1\sigma_1(x_1,\cdots,x_m)+\cdots\\
&+b_m\sigma_m(x_1,\cdots,x_m),
\end{aligned}
$$

其中 $b_i\in F_2$. 这里初等对称布尔函数 $\sigma_l(x_1,\cdots,x_m)$ 是所有 l 次单项式 $x_{i_1}\cdots x_{i_l}(1\leqslant i_1<\cdots<i_l\leqslant m)$ 之和,如当 $m=3$ 时,

$$\sigma_0(x_1,x_2,x_3)=1,$$

$$\sigma_1(x_1,x_2,x_3)=x_1+x_2+x_3,$$

$$\sigma_2(x_1,x_2,x_3)=x_1x_2+x_1x_3+x_2x_3,$$

$$\sigma_3(x_1,x_2,x_3)=x_1x_2x_3.$$

(4)以 SB_m 表示全体 m 元对称函数组成的集合,证明 SB_m 是 F_2 上的向量空间. 这个向量空间的维数是多少? 能否给出向量空间 SB_m 的一组基?

(5)对每个 m 元对称布尔函数 $f(x_1,\cdots,x_m)$,以 $v_f(i)$ 表示 f 在汉明重量为 i 的所有向量 $(a_1,\cdots,$

$\mathbf{a}_m)\in F_2^m$ 上的取值(由式(4.1.2)知它们取值相同).

$$\boldsymbol{v}_f=(v_{f(0)},v_{f(1)},\cdots,v_{f(m)})\in F_2^{m+1}$$

叫做对称布尔函数的取值向量. 证明映射

$$\varphi: SB_m \to F_2^{m+1}, \quad \varphi(f)\to \boldsymbol{v}_f$$

是一一对应.

(6)设 m 元对称布尔函数 $f(x_1,\cdots,x_m)$ 的取值向量为 $v_f=(v_{f(0)},\cdots,v_{f(m)})\in F_2^{m+1}$,并且表示成

$$f(x_1,\cdots,x_m)=\sum_{i=0}^{m} b_i\sigma_i(x_1,\cdots,x_m),\quad b_i\in F_2. \tag{$*$}$$

(参见(3)). 如果 $m=3$, $f(x_1,x_2,x_3)$ 的取值向量为 $\boldsymbol{v}_f=(0,1,0,1)\in F_3^4$,求多项式表达式($*$)中的系数 $b_i(0\leqslant i\leqslant 3)$. 如果($*$)中系数 $(b_0,b_1,b_2,b_3)=(0,1,0,1)$,求取值向量 $\boldsymbol{v}_f$.

4. 设 $f(x_1,\cdots,x_m)$ 和 $g(x_1,\cdots,x_m)\in B_m$. 在工程逻辑电路中使用以下的逻辑元件:

"或门" $f\vee g\in B_m$,其中,对每个 $(a_1,\cdots,a_m)\in F_2^m$,

$$(f\vee g)(a_1,\cdots,a_m)=\begin{cases}0, & f(a_1,\cdots,a_m)=g(a_1,\cdots,a_m)=0,\\ 1, & f(a_1,\cdots,a_m)=1 \text{ 或 } g(a_1,\cdots,a_m)=1.\end{cases}$$

"与门" $f\wedge g\in B_m$,定义为

$$(f\wedge g)(a_1,\cdots,a_m)$$
$$=\begin{cases}1, & f(a_1,\cdots,a_m)=g(a_1,\cdots,a_m)=1,\\ 0, & \text{否则}.\end{cases}$$

“非门”$\overline{f}\in B_m$，定义为

$$\overline{f}(a_1,\cdots,a_m)=f(a_1,\cdots,a_m)+1.$$

(1)证明

$$(f\wedge g)(x_1,\cdots,x_m)$$
$$=f(x_1,\cdots,x_m)g(x_1,\cdots,x_m),$$
$$(f\vee g)(x_1,\cdots,x_m)$$
$$=(\overline{f}\wedge\overline{g})(x_1,\cdots,x_m)+1$$
$$=f+g+fg.$$

(2)证明

$$x_1+x_2=(\overline{x_1}\wedge x_2)\vee(x_1\wedge\overline{x_2})$$
$$=(\overline{x_1\wedge x_2})\wedge(x_1\vee x_2)$$

(注意 x_1+x_2 的第 1 个逻辑表达式用了 5 个逻辑元件，而第 2 个逻辑表达式只用 4 个逻辑元件).

4.2 二元 RM 码

定义 4.2.1 设 $m\geqslant 1, n=2^m, 0\leqslant r\leqslant m$. 向量空间 F_2^n 的子集合

$\mathrm{RM}(r,m)=\{c_f=(f(v_0),f(v_1),\cdots,f(v_{n-1}))\in F_2^n \mid f\in B_m,\deg(f)\leqslant r\}$叫做 r 阶的二元 Reed-Muller 码(简称 RM 码). 这里向量 $v_i=(i_0,i_1,\cdots,i_{m-1})\in F_2^n$ 由 i 的 2 进制展开

$$i=i_0+i_1 2+\cdots+i_{m-1}2^{m-1},$$
$$0\leqslant i\leqslant n-1=2^m-1$$

给出.

定理 4.2.1 (1)二元 RM 码 $\mathrm{RM}(r,m)$是线性码,基本参数为$[n,k,d]=[2^m,k(m,r),2^{m-r}]$,其中,

$$k(m,r)=\sum_{t=0}^{r}\binom{m}{t}=1+\binom{m}{1}+\cdots+\binom{m}{r}.$$

(2)当 $0\leqslant r\leqslant m-1$ 时,$\mathrm{RM}(r,m)$的对偶码 $\mathrm{RM}(r,m)^{\perp}$为 $\mathrm{RM}(m-r-1,m)$.

证明 (1) 当 $f,g\in B_m$,并且 $\deg(f)\leqslant r$,$\deg(g)\leqslant r$ 时,$\deg(f+g)\leqslant\max(\deg(f),\deg(g))\leqslant r$ 并且 $c_{f+g}=c_f+c_g$,可知 $\mathrm{RM}(r,m)$是线性码,即若 $c,c'\in\mathrm{RM}(r,m)$,则 $c+c'\in\mathrm{RM}(r,m)$. $\mathrm{RM}(r,m)$的码长显然为 $n=2^m$,而所有次数$\leqslant r$ 的单项式 $x_{i_1}\cdots x_{i_l}(1\leqslant i_1<\cdots<i_l\leqslant m,l\leqslant r)$的向量表示给出 $\mathrm{RM}(r,m)$的一组基. 从而 $\mathrm{RM}(r,m)$的维数即等于这样单项式的个数 $k(r,m)=1+\binom{m}{1}+\cdots+\binom{m}{r}$. 最后决定 RM(r,

$m)$的最小距离 d. 根据引理 4.1.1,对于 $\mathrm{RM}(r,m)$中每个非零码字 $\boldsymbol{c}_f(f\in B_m, 0\leqslant \deg(f)\leqslant r)$, $w(\boldsymbol{c}_f)=N_m(f=1)\geqslant 2^{m-r}$,所以 $d\geqslant 2^{m-r}$. 另一方面,对于布尔函数 $f=x_1\cdots x_r$, $w(\boldsymbol{c}_f)=N_m(f=1)=2^{m-r}$. 这就表明 $d=2^{m-r}$.

(2) $\mathrm{RM}(r,m)$中码字为 $\boldsymbol{c}_f$,其中, $f\in B_m$, $\deg(f)\leqslant r$, $\mathrm{RM}(m-1-r,m)$中码字为 $\boldsymbol{c}_g$,其中, $g\in B_m$, $\deg(g)\leqslant m-1-r$. 于是 $\deg(fg)\leqslant m-1-r+r=m-1$. 由引理 4.1.1 知 $N_m(fg=1)$为偶数. F_2^n 中向量 $\boldsymbol{c}_f$ 和 $\boldsymbol{c}_g$ 的内积为

$$(\boldsymbol{c}_f,\boldsymbol{c}_g)=\sum_{a\in F_2^m} f(a)g(a)=\sum_{a\in F_2^m}(fg)(a)$$
$$=N_m(fg=1)=0\in F_2.$$

这表明 $\mathrm{RM}(r,m)$中码字和 $\mathrm{RM}(m-r-1,m)$中码字均正交,所以 $\mathrm{RM}(r,m)^{\perp}\subseteq \mathrm{RM}(m-r-1,m)$. 考虑二者的维数,

$$\dim \mathrm{RM}(r,m)+\dim \mathrm{RM}(m-r-1,m)$$
$$=\sum_{t=0}^{r}\binom{m}{t}+\sum_{s=0}^{m-1-r}\binom{m}{s}$$
$$=\sum_{t=0}^{r}\binom{m}{t}+\sum_{s=0}^{m-1-r}\binom{m}{m-s}$$
$$=\sum_{t=0}^{r}\binom{m}{t}+\sum_{t=r+1}^{m}\binom{m}{t}$$
$$=\sum_{t=0}^{m}\binom{m}{t}=2^m=n.$$

因此 $\dim \mathrm{RM}(r,m)^{\perp}=n-\dim \mathrm{RM}(r,m)=\dim \mathrm{RM}(m-r-1,m)$. 这就证明了 $\mathrm{RM}(r,m)^{\perp}=\mathrm{RM}(m-r-1,m)$.

例 4.2.1 平凡的二元 RM 码的例子是 $\mathrm{RM}(0,m)$, $\mathrm{RM}(m-1,m)$ 和 $\mathrm{RM}(m,m)$. 由于次数 $\leqslant 0$ 的 m 元布尔函数只有常值函数 0 和 1(像通常那样认为 $\deg(0)=-\infty$),所以 $\mathrm{RM}(0,m)$ 由 F_2^n 中全 0 向量和全 1 向量两个码字组成,这和它的参数 $[n,k,d]=[2^m,1,2^m]$ 是一致的. $\mathrm{RM}(0,m)$ 的生成矩阵为 $(11\cdots1)\in F_2^n$,它也是对偶码 $\mathrm{RM}(0,m)^{\perp}=\mathrm{RM}(m-1,m)$ 的校验矩阵. 所以 $\boldsymbol{a}=(a_0,\cdots,a_{n-1})\in \mathrm{RM}(m-1,m)$ 当且仅当 $a_0+a_1+\cdots+a_{n-1}=(11\cdots1)\boldsymbol{a}^{\mathrm{T}}=0$. 这就表明 $\mathrm{RM}(m-1,m)$ 是 F_2^n 中所有汉明重量为偶数的向量组成的奇偶校验码(例 1.1.1). 参数为 $[n,k,d]=[2^m,2^m-1,2]$,而 $\mathrm{RM}(m,m)$ 是整个向量空间 F_2^n,参数为 $[2^m,2^m,1]$.

例 4.2.2 一阶二元 RM 码 $\mathrm{RM}(1,m)$ 是由全体码字 $\boldsymbol{c}_f$ 组成,其中,f 是 m 元线性函数

$$f(x_1,\cdots,x_m)=b_1x_1+\cdots+b_mx_m+b_0,\quad b_i\in F_2. \tag{4.2.1}$$

由定理 4.2.1 知 $\mathrm{RM}(1,m)$ 的参数为 $[n,k,d]=[2^m,1+m,2^{m-1}]$. 利用线性函数的表达式

(4.2.1),可以直接求出 RM$(1,m)$的最小距离 $d=2^{m-1}$. 如果 $b_1,\cdots,b_m,b_0$ 均为 0,则 $\boldsymbol{c}_f$ 是零向量,汉明重量为 0. 若 $b_1,\cdots,b_m$ 不全为零,则(4.2.1)式中的 $f\neq 0$. 而 $w(\boldsymbol{c}_f)=N_m(f=1)$,即 $w(\boldsymbol{c}_f)$为线性方程

$$b_1x_1+\cdots+b_mx_m+b_0=1$$

在 F_2^m 中的解数. 当 $b_1,\cdots,b_m$ 不全为零时,解数为 2^{m-1}. 这样码字个数为 $2^k-2=2^{m+1}-2$,所以不仅得到二元一阶 RM 码 RM$(1,m)$的最小距离为 2^{m-1},而且还算出了它的重量多项式为

$$f_{\mathrm{RM}(1,m)}(z)=1+(2^{m+1}-2)z^{2^{m-1}}+z^{2^m}.$$

由于

$$\{\boldsymbol{c}_f=(f(v_0),f(v_1),\cdots,f(v_{n-1}))\mid f=1,\ x_1,x_2,\cdots,x_m\}$$

是 RM$(1,m)$的一组基,其中,$\boldsymbol{v}_i=(i_0,i_1,\cdots,i_{m-1})$是由 i 的二进行展开 $i=i_0+i_12+\cdots+i_{m-1}2^{m-1}(i_1,\cdots,i_{m-1}\in F_2)$给出,所以得到 RM$(1,m)$的一个生成矩阵

$$\boldsymbol{G}=\begin{bmatrix}\boldsymbol{c}_1\\ \boldsymbol{c}_{x_1}\\ \vdots\\ \boldsymbol{c}_{x_m}\end{bmatrix}=\begin{bmatrix}1 & 1 & \cdots & 1\\ 0_0 & 1_0 & \cdots & (n-1)_0\\ \vdots & \vdots & & \vdots\\ 0_{m-1} & 1_{m-1} & \cdots & (n-1)_{m-1}\end{bmatrix}$$

$$=\begin{bmatrix} 1 & 1 & \cdots & 1 \\ 0 & & & \\ \vdots & & \boldsymbol{G}' & \\ 0 & & & \end{bmatrix}, \quad n=2^m,$$

RM$(1,m)$中第 1 位为 0 的那些码字是由 $\boldsymbol{G}$ 中除第 1 行之外的 m 行的线性组合,共有 2^m 的码字. 把它们第 1 位的零去掉,所得的码是二元线性码,叫做二元 1 阶线性码 RM$(1,m)$的收缩码,表示成RM$(1,m)'$. 它有生成矩阵 $\boldsymbol{G}'$,即为 $\boldsymbol{G}$ 中除掉第 1 行和第 1 列的子阵

$$\boldsymbol{G}'=\begin{bmatrix} 1_0 & 2_0 & \cdots & (n-1)_0 \\ \vdots & \vdots & & \vdots \\ 1_{m-1} & 2_{m-1} & \cdots & (n-1)_{m-1} \end{bmatrix}, \quad n=2^m.$$

RM$(1,m)'$的参数为$[2^m-1,m,2^{m-1}]$. 由于

$$\text{RM}(1,m)'=\{(a_1,\cdots,a_{n-1})\in F_2^{n-1} \mid (0,a_1,\cdots,a_{n-1})\in \text{RM}(1,m)\},$$

而 RM$(1,m)$中非零和非全 1 码字的汉明重量均为 2^{m-1},可知 RM$(1,m)'$中非零码字也是如此. 所以 RM$(1,m)'$的重量分布为

$$f_{\text{RM}(1,m)'}(z)=1+(2^m-1)z^{2^{m-1}}.$$

再注意到 $\boldsymbol{G}'$的第i 列$(i_0,\cdots,i_{m-1})^{\mathrm{T}}$ 恰好是 i 的二进展开 $i=i_0+i_1 2+\cdots+i_{m-1}2^{m-1}$ 的诸位数字,而当 i 从 1 到 $2^m-1(=n-1)$时 i 的二进

展开给出的$(i_0,\cdots,i_{m-1})(1\leqslant i\leqslant 2^m-1)$恰好是$F_2^m$中所有$2^m-1$个非零向量,所以$G'$中诸列恰好是$F_2^m$中全部$2^m-1$个非零向量,$G'$正好是参数为$[2^m-1,2^m-1-m,3]$的二元汉明码的校验矩阵!(见2.2节二元汉明码的定义.)这就表明RM$(1,m)'$的对偶码是参数$[2^m-1,2^m-1-m,3]$的二元汉明码.由于在汉明码的定义中,所有长为m的非零向量排成校验矩阵的诸列时,其次序可以是随意的,所以更正确地说应该是:

定理 4.2.2 每个参数为$[2^m-1,2^m-1-m,3]$的二元汉明码C_m都等价于RM$(1,m)'$的对偶码.

由于RM$(1,m)'$的重量多项式已算出为$f(z)=1+(2^m-1)z^{2^{m-1}}$,利用马氏恒等式,现在可以给出它的对偶码$C_m$的重量分布.

推理 4.2.1 参数为$[2^m-1,2^m-1-m,3]$的二元汉明码C_m的重量多项式为

$$f_{C_m}(z)=\frac{1}{2^{n-1-m}}\left[(1+z)^{n-1}+(2^m-1)(1+z)^{\frac{n}{2}-1}(1-z)^{\frac{n}{2}}\right],\quad n=2^m.$$

二阶二元RM码RM$(2,m)$和它的对偶码

RM$(m-3,m)$的重量分布也已计算出来，需要使用二元域 F_2 上的二次型理论. 由于在 F_2 中 $2=0$，在二次型分类中不能采用配方的办法，所以 F_2 上二次型的标准型和通常在实数域的情形有相当大的区别，这里不再介绍. 当 $3\leqslant r\leqslant m-4$ 时，RM(r,m)的重量多项式至今没有明确的公式.

习　题　4.2

1. 证明当 $0\leqslant r\leqslant\frac{m-1}{2}$时，二元 RM 码 RM$(r,m)$是自正交码. 对每个 $l\geqslant 1$, RM$(l, 2l+1)$是自对偶码.

2. 证明参数$[2^m-1,2^m-1-m,3]$的二元汉明码 C_m 的扩充码

$$\overline{C}_m=\{(a_0,a_1,\cdots,a_{n-1})\in F_2^n\mid(a_1,\cdots,a_{n-1})\in C_m,a_0=a_1+\cdots+a_{n-1}\},\quad n=2^m,$$

和 RM$(1,m)$的对偶码 RM$(m-2,m)$等价. 由此计算 $\overline{C}_m$ 的重量多项式和决定线性码 $\overline{C}_m$ 的最小距离.

3. 计算二元汉明码 C_m 中汉明重量为 3 的

码字个数 A_3. $\left(答案:\frac{1}{6}(n-1)(n-2).\right)$

4. 证明当 $1\leqslant r\leqslant m-1$ 时,

$$\mathrm{RM}(r,m)=\{(x|y)\,|\,x\in\mathrm{RM}(r,m-1),\ y\in\mathrm{RM}(r-1,m-1)\}.$$

5. 定义 $\boldsymbol{G}(0,1)=(1,1)\in F_2^2$, $\boldsymbol{G}(1,1)=\begin{bmatrix}1&1\\0&1\end{bmatrix}$,然后对每个 $m\geqslant 2$,依次对 m 归纳定义:

$$\boldsymbol{G}(0,m)=(1\quad 1\quad \cdots\quad 1)\in F_2^n(n=2^m),$$

$$\boldsymbol{G}(r,m)=\begin{bmatrix}\boldsymbol{G}(r,m-1)&\boldsymbol{G}(r,m-1)\\0&\boldsymbol{G}(r-1,m-1)\end{bmatrix},$$

对于 $1\leqslant r\leqslant m-1$,

$$\boldsymbol{G}(m,m)=\begin{bmatrix}\boldsymbol{G}(m-1,m)\\0\cdots01\end{bmatrix}.$$

证明对所有 $m\geqslant 1$ 和 $0\leqslant r\leqslant m$, $\boldsymbol{G}(r,m)$ 是二元 RM码 $\mathrm{RM}(r,m)$ 的生成矩阵,并由此写出 $\boldsymbol{G}(1,3)$.

4.3 择多译码算法

r 阶二元 RM 码 $\mathrm{RM}(r,m)$ 的最小距离为 2^{m-r},所以可以纠正 $2^{m-r-1}-1$ 位错误. 当 $m-r$

-1 较大时，可以纠正多位错误. 用校验矩阵 $\boldsymbol{H}$ 来纠错，需要考虑其中多个列之间的线性组合是否和 $\boldsymbol{H}\boldsymbol{y}^{\mathrm{T}}$ 一致，其中 $\boldsymbol{y}$ 是收到的向量. 由于 $\boldsymbol{H}$ 共有 $n=2^m$ 列，当 m 很大时使这个算法变得愈加复杂. RM 码发明人之一里德给出一种新的译码算法，叫择多(majority-logic)译码算法. 这种方法利用了 RM 码的有限几何特性(有限域上向量空间的几何特性). 首先从一个简单的例子说明算法名称中“择多”的含义是什么以及用到的有限几何知识是什么.

考虑 $m=3, r=1$ 情形的二元 RM 码 RM(1,3)，它的参数为 $[n,k,d]=[8,4,4]$，所以可纠正≤1 个错. 如果假定信道中最多只有 1 个错，直接用它的校验矩阵 $\boldsymbol{H}$ 来译码当然很容易，收方只需在收到 $\boldsymbol{y}(=\boldsymbol{c}+\varepsilon)$ 之后计算 $\boldsymbol{H}\boldsymbol{y}^{\mathrm{T}}$，看它是为零向量(这时 $\boldsymbol{y}$ 为码字 $\boldsymbol{c}$)还是 $\boldsymbol{H}$ 的第 i 列(从而第 i 位有错). 用此码来介绍择多译码方法，只是为了比较容易说明问题.

回忆二元线性码 RM(1,3)的定义，它由形如

$$\boldsymbol{c}_f=(f(\boldsymbol{v}_0),\cdots,f(\boldsymbol{v}_7))\in F_2^8$$

的所有码字组成，其中，f 是次数≤1 的三元布尔函数

$$f = f(x_0, x_1, x_2)$$
$$= a_0x_0 + a_1x_1 + a_2x_2 + a, \quad a, a_i \in F_2.$$

(4.3.1)

而对每个 $i, 0 \leqslant i \leqslant 7$，向量 $\boldsymbol{v}_i = (i_0, i_1, i_2) \in F_2^3$ 由 i 的 2 进制展开 $i = i_0 + i_1 2 + i_2 2^2$ 给出. 由于 RM(1,3)是自对偶码，所以 RM(1,3)中任意两个码字(包括每个码字和它自身)都是正交的，即对 RM(1,3)中任何码字 $\boldsymbol{c} = (c_0, \cdots, c_7)$ 和形如(4.3.1)的任何线性函数 f，均有

$$0 = (\boldsymbol{c}_f, \boldsymbol{c}) = \sum_{i=0}^{7} c_i f(v_i),$$

所以若信道最多有 1 位错误，即 $\boldsymbol{\varepsilon} = (\varepsilon_0, \cdots, \varepsilon_7)$，$w(\boldsymbol{\varepsilon}) \leqslant 1$，则收方得到向量 $\boldsymbol{y} = \boldsymbol{c} + \boldsymbol{\varepsilon} = (y_0, \cdots, y_7)$之后，应当有

$$(\boldsymbol{c}_f, \boldsymbol{\varepsilon}) = (\boldsymbol{c}_f, \boldsymbol{c}) + (\boldsymbol{c}_f, \boldsymbol{y}) = (\boldsymbol{c}_f, \boldsymbol{y}).$$

(4.3.2)

由于

$$\boldsymbol{H} = \begin{bmatrix} \boldsymbol{c}_1 \\ \boldsymbol{c}_{x_0} \\ \boldsymbol{c}_{x_1} \\ \boldsymbol{c}_{x_2} \end{bmatrix} = \begin{bmatrix} 1 & 1 & 1 & 1 & 1 & 1 & 1 & 1 \\ 0 & 1 & 0 & 1 & 0 & 1 & 0 & 1 \\ 0 & 0 & 1 & 1 & 0 & 0 & 1 & 1 \\ 0 & 0 & 0 & 0 & 1 & 1 & 1 & 1 \end{bmatrix},$$

同时是 RM(1,3)的生成矩阵和校验矩阵，收方

可先算出

$$\boldsymbol{H y}^{\mathrm{T}}=\boldsymbol{s}^{T}=(s^{*},s_0,s_1,s_2)^{\mathrm{T}}\in F_2^4,$$

$$s_j=(c_{x_j},\boldsymbol{y}),\quad 0\leqslant j\leqslant 2,$$

则对每个 $f=f(x_0,x_1,x_2)=1+a_0x_0+a_1x_1+a_2x_2$,都可由 s_0,s_1,s_2 算出

$$\begin{aligned}(\boldsymbol{c}_f,\boldsymbol{y})&=a_0(\boldsymbol{c}_{x_0},\boldsymbol{y})+a_1(\boldsymbol{c}_{x_1},\boldsymbol{y})+a_2(\boldsymbol{c}_{x_2},\boldsymbol{y})\\&=s^{*}+a_0s_0+a_1s_1+a_2s_2.\end{aligned}\tag{4.3.3}$$

而由(4.3.2)式知道$(\boldsymbol{c}_f,\boldsymbol{y})$应当为

$$(\boldsymbol{c}_f,\boldsymbol{y})=(\boldsymbol{c}_f,\boldsymbol{\varepsilon})=\sum_{i=0}^{7}f(v_i)\boldsymbol{\varepsilon}_i=\sum_{\substack{i=0\\f(v_i)=1}}^{7}\boldsymbol{\varepsilon}_i\in F_2.\tag{4.3.4}$$

现在考虑二元域 F_2 上的几何学. 三维向量空间 F_2^3 类比于三维欧氏空间$\mathbb{R}^3$($\mathbb{R}$ 为实数域). 如果 $g(x_0,x_1,x_2)=a_0x_0+a_1x_1+a_2x_2$,其中,$a_0,a_1,a_2$ 是 F_2 中不全为 0 的元素,则 $g(x_0,x_1,x_2)=0$ 在 F_2^3 中的全部解

$$\{(i_0,i_1,i_2)\in F_2^3\mid g(i_0,i_1,i_2)=0\}$$

组成 F_2^3 的一个二维向量子空间,叫做 F_2^3 中的一个**平面**. 它们类比于欧氏空间$\mathbb{R}^3$ 中的平面,区别是:欧氏空间$\mathbb{R}^3$ 中有无限多个(过原点的)平面,每个平面上都有无限多个点. 但是在 F_2^3 中,每个平面(作为 F_2^3 的二维向量子空间)都有

4 个点(向量),而平面也只有 7 个,因为非零向量$(a_0,a_1,a_2)\in F_2^3$恰好有 7 个. 例如,$g(x_0,x_1,x_2)=x_1+x_2$,x_1+x_2 在 F_2^3 中的全部解为

$(x_0,x_1,x_2)=(0\ 0\ 0),(1\ 0\ 0),(0\ 1\ 1),(1\ 1\ 1)$,

F_2^3 中的每个向量(i_0,i_1,i_2)就是 $\boldsymbol{v}_i$,其中,$i=i_0+i_1 2+i_2\cdot 2^2$,称为 F_2^3 中一个点,则 F_2^3 中的 8 个点为 $\boldsymbol{v}_0,\cdots,\boldsymbol{v}_7$,其中,$\boldsymbol{v}_0$ 为零向量$(0\ 0\ 0)$. 这时,平面 $x_1+x_2=0$ 中的 4 个点为 $\boldsymbol{v}_0,\boldsymbol{v}_1,\boldsymbol{v}_6,\boldsymbol{v}_7$. 令 $f(x_0,x_1,x_2)=g(x_0,x_1,x_2)+1=x_1+x_2+1$,则 $f(x_0,x_1,x_2)$恰好在此平面的 4 个点 $\boldsymbol{v}_0,\boldsymbol{v}_1,\boldsymbol{v}_6,\boldsymbol{v}_7$ 取值为 1(其余 4 个点上取值为 0). 由式(4.3.4)给出一个等式

$$(\boldsymbol{c}_f,\boldsymbol{y})=\boldsymbol{\varepsilon}_0+\boldsymbol{\varepsilon}_1+\boldsymbol{\varepsilon}_6+\boldsymbol{\varepsilon}_7,$$

其中,左边$(\boldsymbol{c}_f,\boldsymbol{y})$是可以由 $\boldsymbol{y}$ 算出来的.

下面是 F_2^3 中的 7 个平面方程和平面中的点:

$$\begin{aligned}
&g_1=x_0=0, && \{v_0,v_2,v_4,v_6\},\\
&g_2=x_1=0, && \{v_0,v_1,v_4,v_5\},\\
&g_3=x_2=0, && \{v_0,v_1,v_2,v_3\},\\
&g_4=x_0+x_1=0, && \{v_0,v_3,v_4,v_7\},\\
&g_5=x_0+x_2=0, && \{v_0,v_2,v_5,v_7\},\\
&g_6=x_1+x_2=0, && \{v_0,v_1,v_6,v_7\},\\
&g_7=x_0+x_1+x_2=0, && \{v_0,v_3,v_5,v_6\}.
\end{aligned}\tag{4.3.5}$$

由此给出关于 $\boldsymbol{\varepsilon}=(\varepsilon_0,\cdots,\varepsilon_7)$ 中分量的 7 个等式

$$\varepsilon_0+\varepsilon_2+\varepsilon_4+\varepsilon_6=(\boldsymbol{c}_{f_1},\boldsymbol{y}),$$
$$\varepsilon_0+\varepsilon_1+\varepsilon_4+\varepsilon_5=(\boldsymbol{c}_{f_2},\boldsymbol{y}),$$
$$\varepsilon_0+\varepsilon_1+\varepsilon_2+\varepsilon_3=(\boldsymbol{c}_{f_3},\boldsymbol{y}),$$
$$\varepsilon_0+\varepsilon_3+\varepsilon_4+\varepsilon_7=(\boldsymbol{c}_{f_4},\boldsymbol{y}),$$
$$\varepsilon_0+\varepsilon_2+\varepsilon_5+\varepsilon_7=(\boldsymbol{c}_{f_5},\boldsymbol{y}),$$
$$\varepsilon_0+\varepsilon_1+\varepsilon_6+\varepsilon_7=(\boldsymbol{c}_{f_6},\boldsymbol{y}),$$
$$\varepsilon_0+\varepsilon_3+\varepsilon_5+\varepsilon_6=(\boldsymbol{c}_{f_7},\boldsymbol{y}),\quad(4.3.6)$$

其中，$f_i(x_0,x_1,x_2)=g_i(x_0,x_1,x_2)+1$，而 $(\boldsymbol{c}_{f_i},\boldsymbol{y})\in F_2$ 都可由式(4.3.3)直接算出来. 注意到以下两个事实：

(1) ε_0 在 7 个等式的左边均出现. 这是由于原点 $\boldsymbol{v}_0$ 在每个平面(二维向量子空间)之中.

(2) 每个 $\varepsilon_i(1\leqslant i\leqslant 7)$ 都恰好出现在 3 个等式的左边. 这是由于对每个 $i(1\leqslant i\leqslant 7)$，$\{\boldsymbol{v}_0,\boldsymbol{v}_i\}$ 是 F_2^3 的 1 维向量子空间，称为(过原点的)一条直线. 用几何语言，相当于要证明：对 F_2^3 中每条直线，都恰好有 3 个平面包含此条直线. 每个包含直线 $\{\boldsymbol{v}_0,\boldsymbol{v}_i\}$ 的平面均为 $\{\boldsymbol{v}_0,\boldsymbol{v}_i,\boldsymbol{v},\boldsymbol{v}'\}$，其中，$\boldsymbol{v},\boldsymbol{v}'$ 是除了 $\boldsymbol{v}_0,\boldsymbol{v}_i$ 之外的点，并且 $\boldsymbol{v}'=\boldsymbol{v}+\boldsymbol{v}_i$. F_2^3 中除了 $\boldsymbol{v}_0$ 和 $\boldsymbol{v}_i$ 之外共有 $8-2=6$ 个点，满足 $\boldsymbol{v}'=\boldsymbol{v}+\boldsymbol{v}_i$ 的每一对点 $\{\boldsymbol{v},\boldsymbol{v}'\}$ 和 $\{\boldsymbol{v}_0,\boldsymbol{v}_i\}$ 一起成一

个平面，从而共有 3 个平面包含直线$\{\boldsymbol{v}_0, \boldsymbol{v}_i\}$.

利用事实(1)和(2)，由(4.3.6)中的 7 个等式便得到一个译码方法. 这个方法的特点是可以逐位检查是否有错，即逐个检查 $\varepsilon_i (0 \leqslant i \leqslant 7)$ 的值. 假设错位至多 1 个，若 $\boldsymbol{y}$ 为零向量，则 $\boldsymbol{y}$ 为码字 $\boldsymbol{c}$(无错). 否则先考虑 ε_0. 如果 $\varepsilon_0 = 1$，则(4.3.6)中 7 个等式左边的值均为 1. 如果 $\varepsilon_0 = 0$，则 $\varepsilon_1, \cdots, \varepsilon_7$ 当中至多有一个为 1，但每个 $\varepsilon_i (i \geqslant 7)$ 恰好出现在 3 个等式之中，所以(4.3.6)中 7 个等式左边至多有 3 个值为 1，至少有 4 个值为 0. 所以只需看一下式(4.3.6)右边已经算出的 7 个值$(\boldsymbol{c}_{f_i}, \boldsymbol{y}) (1 \leqslant i \leqslant 7)$. 如果 7 个值中 1 比 0 多，则 $\varepsilon_0 = 1$；若 0 比 1 多，则 $\varepsilon_0 = 0$.

若 $\varepsilon_0 = 1$，则 $\boldsymbol{y}$ 的第 1 位有错，译码算法结束. 否则，当 $\varepsilon_0 = 0$ 时接下来考虑每个 $\varepsilon_i (1 \leqslant i \leqslant 7)$，把(4.3.6)中出现 ε_i 的那 3 个等式来解. 例如，对 ε_1 则为(注意已知 $\varepsilon_0 = 0$)：

$$\varepsilon_1 + \varepsilon_4 + \varepsilon_5 = (\boldsymbol{c}_{f_2}, \boldsymbol{y}),$$

$$\varepsilon_1 + \varepsilon_2 + \varepsilon_3 = (\boldsymbol{c}_{f_3}, \boldsymbol{y}),$$

$$\varepsilon_1 + \varepsilon_6 + \varepsilon_7 = (\boldsymbol{c}_{f_6}, \boldsymbol{y}).$$

如果 ε_1 是零，则 $\varepsilon_2, \cdots, \varepsilon_7$ 当中至多有一个是 1，它们每个只出现在一个等式中，所以 3 个等式

的左边应当最多有一个为 1. 若 $\varepsilon_1=1$,则 $\varepsilon_2,\cdots,\varepsilon_7$ 均为零,所以 3 个等式的左边均应为 1. 所以只需看 3 个等式右边已算出的值 $(\boldsymbol{c}_{f_2},\boldsymbol{y})$,$(\boldsymbol{c}_{f_3},\boldsymbol{y})$,$(\boldsymbol{c}_{f_6},\boldsymbol{y})$. 如果它们当中 1 的个数多于 0 的个数,则 $\varepsilon_1=1$;反之则 $\varepsilon_1=0$. 当 $\varepsilon_1=1$ 时则 $\boldsymbol{y}$ 的第 2 位有错,译码结束. 当 $\varepsilon_1=0$ 时,类似地,考虑 ε_2 出现的那 3 个等式. 如此下去便可纠正错误. 由于上面的算法每个步骤都是判别一组 $(\boldsymbol{c}_{f_i},\boldsymbol{y})$ 中 1 的个数和 0 的个数哪个多,并且均是在 1 个数多时判别出错位,所以称为"择多"译码算法.

例 4.3.1 设发出 RM(1,3) 的一个码字 $\boldsymbol{c}=(c_0,\cdots,c_7)$,信道发生≤1 位错误,$\boldsymbol{\varepsilon}=(\varepsilon_0,\cdots,\varepsilon_7)$,$w(\boldsymbol{\varepsilon})\leqslant 1$. 收方得到向量 $\boldsymbol{y}=\boldsymbol{c}+\boldsymbol{\varepsilon}=(y_0,\cdots,y_7)=(1\ 0\ 1\ 1\ 1\ 0\ 0\ 1)$.

第 1 步 计算

$$\boldsymbol{H}\boldsymbol{y}^{\mathrm{T}}=\begin{bmatrix}1&1&1&1&1&1&1&1\\0&1&0&1&0&1&0&1\\0&0&1&1&0&0&1&1\\0&0&0&0&1&1&1&1\end{bmatrix}\begin{bmatrix}1\\0\\1\\1\\1\\0\\0\\1\end{bmatrix}$$

$$=\begin{bmatrix}1\\0\\1\\0\end{bmatrix}=\begin{bmatrix}(\boldsymbol{c}_1,\boldsymbol{y})\\(\boldsymbol{c}_{x_0},\boldsymbol{y})\\(\boldsymbol{c}_{x_1},\boldsymbol{y})\\(\boldsymbol{c}_{x_2},\boldsymbol{y})\end{bmatrix}.$$

由于 $\boldsymbol{H}\boldsymbol{y}^{\mathrm{T}}$ 不是零向量,做下一步.

第 2 步　计算$(\boldsymbol{c}_{f_i},\boldsymbol{y})(1\leqslant i\leqslant 7)$. 由 $f_1=g_1+1=x_0+1$,可知$(\boldsymbol{c}_{f_1},\boldsymbol{y})=(\boldsymbol{c}_1,\boldsymbol{y})+(\boldsymbol{c}_{x_0},\boldsymbol{y})=1+0=1$,类似地可得式(4.3.6)右边分别为:

$$(\boldsymbol{c}_{f_1},\boldsymbol{y})=1,\quad (\boldsymbol{c}_{f_2},\boldsymbol{y})=0,\quad (\boldsymbol{c}_{f_3},\boldsymbol{y})=1,$$
$$(\boldsymbol{c}_{f_4},\boldsymbol{y})=0,\quad (\boldsymbol{c}_{f_5},\boldsymbol{y})=1,\quad (\boldsymbol{c}_{f_6},\boldsymbol{y})=0,$$
$$(\boldsymbol{c}_{f_7},\boldsymbol{y})=0.$$

由于其中 0 的个数多,可知 $\varepsilon_0=0$, 再做下一步.

第 3 步　考虑 ε_1 出现的 3 个等式(也可以先试 ε_2,假如碰巧 $\varepsilon_2=1$ 的话,算运气好),即包含 v_1 的 3 个平面所对应的 3 个等式,它们右边分别为$(\boldsymbol{c}_{f_2},\boldsymbol{y})=0$,$(\boldsymbol{c}_{f_3},\boldsymbol{y})=1$ 和$(\boldsymbol{c}_{f_6},\boldsymbol{y})=0$. 由于 0 的个数多,可知 $\varepsilon_1=0$. 再考虑包含 $\boldsymbol{v}_2$ 的 3 个平面,对应于 f_1, f_3 和 f_5. 由$(\boldsymbol{c}_{f_1},\boldsymbol{y})=1$, $(\boldsymbol{c}_{f_3},\boldsymbol{y})=1$,$(\boldsymbol{c}_{f_5},\boldsymbol{y})=1$,可知 $\varepsilon_2=1$. 于是 $\boldsymbol{y}$ 的第 3 位出错,码字为 $\boldsymbol{c}=\boldsymbol{y}+\boldsymbol{\varepsilon}=(10111001)+(00100000)=(10011001)$.

有了以上的具体例子,现在介绍对任意 2

元线性码 RM$(r,m)(1\leqslant r\leqslant m-1)$的择多译码算法. 首先需要介绍有限几何中更多的知识.

引理 4.3.1 设 $n\geqslant 1, 1\leqslant r\leqslant n-1$.

(1) F_2^n 中 r 维向量子空间的个数为

$$\begin{bmatrix} n \\ r \end{bmatrix}=\frac{(2^n-1)(2^n-2)(2^n-2^2)\cdots(2^n-2^{r-1})}{(2^r-1)(2^r-2)(2^r-2^2)\cdots(2^r-2^{r-1})}$$
$$=\frac{(2^n-1)(2^{n-1}-1)\cdots(2^{n-r+1}-1)}{(2^r-1)(2^{r-1}-1)\cdots(2-1)}.$$

(2) 设 V 是 F_2^n 中一个 r 维向量子空间,则 F_2^n 中包含 V 的 $r+1$ 维向量子空间的个数为

$$\begin{bmatrix} n-r \\ 1 \end{bmatrix}=2^{n-r}-1.$$

(3) 对每个 r 维向量子空间 $V\subseteq F_2^n$,设 $f_V=f_V(x_0,x_1,\cdots,x_{n-1})$是由

$$f_V(a_0,\cdots,a_{n-1})=\begin{cases}1, & (a_0,\cdots,a_{n-1})\in V,\\ 0, & 否则,\end{cases}$$

定义的 n 元布尔函数,则 $\deg(f)\leqslant r$(事实上,可证明 $\deg(f)=r$).

证明 (1) 给了 F_2^n 中一组有序的 r 个线性无关向量$\{\boldsymbol{v}_1,\boldsymbol{v}_2,\cdots,\boldsymbol{v}_r\}$,它们生成一个 r 维向量子空间(所谓“有序”是指$\{\boldsymbol{v}_1,\boldsymbol{v}_2,\cdots,\boldsymbol{v}_r\}$和$\{\boldsymbol{v}_2,\boldsymbol{v}_1,\cdots,\boldsymbol{v}_r\}$不同). 先计算这种有序的线性无关向量的个数. 由于 $\boldsymbol{v}_1$ 可以是任何非零向

量，所以 $\boldsymbol{v}_1$ 的取法有 2^n-1 种，然后要取 $\boldsymbol{v}_2$ 和 $\boldsymbol{v}_1$ 线性无关，即 $\boldsymbol{v}_2$ 要在 $\boldsymbol{v}_1$ 生成的 1 维子空间 $\boldsymbol{v}_1$ 之外，所以 $\boldsymbol{v}_2$ 的取法有 $|F_2^n|-|\boldsymbol{v}_1|=2^n-2$ 种. 在 $\boldsymbol{v}_1,\boldsymbol{v}_2$ 取定之后，$\boldsymbol{v}_3$ 应当在 $\boldsymbol{v}_1$ 和 $\boldsymbol{v}_2$ 张成的二维向量子空间 $\boldsymbol{v}_2$ 之外，所以 $\boldsymbol{v}_3$ 的取法有 $2^n-|\boldsymbol{v}_2|=2^n-2^2$ 种. 依次下去，最后 $\boldsymbol{v}_r$ 的取法有 2^n-2^{r-1}种. 于是 F_2^n 中有序的 r 个线性无关向量 $(\boldsymbol{v}_1,\cdots,\boldsymbol{v}_r)$ 共有 $(2^n-2^0)(2^n-2^1)\cdots(2^n-2^{r-1})$ 组. 但是，不同的 $(\boldsymbol{v}_1,\cdots,\boldsymbol{v}_r)$ 可以张成同一个 r 维向量子空间. 类似用上面的推理，可知每个固定的 r 维向量子空间中均有 $(2^r-1)(2^r-2)\cdots(2^r-2^{r-1})$ 个有序的线性无关向量组 $\{\boldsymbol{v}_1,\cdots,\boldsymbol{v}_r\}$. 于是 F_2^n 中 r 维向量子空间的个数为

$$\begin{bmatrix} n \\ r \end{bmatrix}=\frac{(2^n-2^0)(2^n-2^1)(2^n-2^2)\cdots(2^n-2^{r-1})}{(2^r-2^0)(2^r-2^1)(2^r-2^2)\cdots(2^r-2^{r-1})}.$$

(2) 设 V_{r+1} 是包含 r 维子空间 V 的一个 $r+1$ 维向量子空间，则 V_{r+1} 是 V 和它的一个陪集 $\boldsymbol{a}+V=\{\boldsymbol{a}+\boldsymbol{v}\mid \boldsymbol{v}\in V\}$ 的并集，并且 V 和 $\boldsymbol{a}+V$ 不相交，各有 2^r 个向量. F_2^n 中除了 V 之外共有 2^n-2^r 个向量，它们分成 V 的 $(2^n-2^r)/2^r=2^{n-r}-1$个陪集. 每个陪集和 V 之并是一个包含 V 的 $r+1$ 维向量子空间，不同的陪集和 V 并成不同的 $r+1$ 维子空间，所以 F_2^n 中包含 V 的 r

$+1$维向量子空间的个数为 $2^{n-r}-1$.

如果熟悉线性代数中关于“商空间”的概念,那么证明更为简单. 若 V_{r+1} 是 F_2^n 中包含 V 的一个 $r+1$ 维子空间,它相当于 $n-r$ 维商空间 F_2^n/V 中的一个 1 维子空间 V_{r+1}/V. 所以要计算的数等于 $n-r$ 维向量空间中 1 维子空间的个数,即为 $\begin{bmatrix} n-r \\ 1 \end{bmatrix}=2^{n-r}-1$.

(3) F_2^n 中 r 维向量子空间 V 由某个齐次线性方程组

$$f_1(x_0,\cdots,x_{n-1})=a_{10}x_0+a_{11}x_1+\cdots+a_{1,n-1}x_{n-1}=0,$$

$$f_{n-r}(x_0,\cdots,x_{n-1})=a_{n-r,0}x_0+a_{n-r,1}x_1+\cdots+a_{n-r,n-1}x_{n-1}=0$$

在 F_2^n 中的全部解向量组成,其中,系数矩阵的秩为 $n-r$. 于是对每个$(a_0,\cdots,a_{n-1})\in F_2^n$,

$$\begin{aligned}&(a_0,\cdots,a_{n-1})\in V\\ \Leftrightarrow\ & f_i(a_0,\cdots,a_{n-1})=0,\quad 1\leqslant i\leqslant n-k\\ \Leftrightarrow\ & (f_1(a_0,\cdots,a_{n-1})+1)\cdot\cdots\cdot(f_{n-r}(a_0,\cdots,a_{n-1})+1)=1.\end{aligned}$$

这就表明

$$f_V(x_0,\cdots,x_{n-1})=(f_1(x_0,\cdots,x_{n-1})+1)\cdot\cdots\cdot(f_{n-r}(x_0,\cdots,x_{n-1})+1).$$

由于右边是 $n-r$ 个 1 次多项式的乘积,所以 $\deg(f_V)\leqslant n-r$.

注记 对每个素数 p,类似于引理 4.3.1 中的(1)可以证明:F_p 上一个 n 维向量空间中的 r 维向量子空间的个数为

$$\begin{bmatrix} n \\ r \end{bmatrix}_p = \frac{(p^n-1)(p^n-p)(p^n-p^2)\cdots(p^n-p^{r-1})}{(p^r-1)(p^r-p)(p^r-p^2)\cdots(p^r-p^{r-1})}$$

$$= \frac{(p^n-1)(p^{n-1}-1)\cdots(p^{n-r+1}-1)}{(p^r-1)(p^{r-1}-1)\cdots(p-1)}.$$

这些数叫做高斯组合系数,是通常组合数

$$\binom{n}{r} = \frac{n(n-1)\cdots(n-r+1)}{r(r-1)\cdots 1}$$

(n 元集中 r 元子集的个数)的一个类比. 如果将 p 看作是实数变量,则当 $p\to 1$ 时 $\begin{bmatrix} n \\ r \end{bmatrix}_p$ 的极限值为 $\binom{n}{r}$. 和通常组合数一样,$\begin{bmatrix} n \\ r \end{bmatrix}_p$ 之间有不少奇妙的恒等式,其中,最简单的一个就是 $\begin{bmatrix} n \\ n-r \end{bmatrix}_p = \begin{bmatrix} n \\ r \end{bmatrix}_p$. 近年来人们发现,数学中的这种 p 类比可以用来说明量子物理中的许多现象,是把连续现象和离散现象联系起来的一种数学工具.

现在考虑二元 RM 码 $C=\mathrm{RM}(r,m)$ $(1\leqslant r\leqslant m-1)$, 参数为 $[n,k,d]=[2^m,k(r,m),$

$2^{m-r}]$，$k(r,m)=\sum_{i=0}^{r}\binom{n}{i}$. 它的对偶码 RM$(m-r-1,m)$有生成矩阵

$$\boldsymbol{H}=\begin{bmatrix} c_{h_1} \\ \vdots \\ c_{h_{n-k}} \end{bmatrix},$$

其中，$h_1,\cdots,h_{n-k}$是$x_0,\cdots,x_{m-1}$的所有次数$\leqslant m-r-1$ 的单项式，而

$$\boldsymbol{c}_h=(h(\boldsymbol{v}_0),\cdots,h(\boldsymbol{v}_{n-1}))\in F_2^n,$$

这里 $\boldsymbol{v}_i=(i_0,\cdots,i_{m-1})\in F_2^m$ 与 i 的二进展开 $i=i_0+i_1 2+\cdots+i_{m-1}2^{m-1}$ 相对应. C 可以纠正 $d/2-1=2^{m-r-1}-1$ 位错.

现在发出码字 $\boldsymbol{c}=(c_0,\cdots,c_{n-1})\in C$，信道错误为 $\boldsymbol{\varepsilon}=(\varepsilon_0,\cdots,\varepsilon_{n-1})\in F_2^n$，$w(\boldsymbol{\varepsilon})\leqslant 2^{m-r-1}-1$. 收到向量 $\boldsymbol{y}=\boldsymbol{c}+\boldsymbol{\varepsilon}$ 后可以计算

$$\boldsymbol{H}\boldsymbol{y}^{\mathrm{T}}=\begin{bmatrix} \alpha_1 \\ \vdots \\ \alpha_{n-k} \end{bmatrix}, \qquad (4.3.7)$$

其中，

$$\alpha_i=(\boldsymbol{c}_{h_i},\boldsymbol{y})=(\boldsymbol{c}_{h_i},\boldsymbol{\varepsilon})=\sum_{j=0}^{n-1}h_i(\boldsymbol{v}_j)\varepsilon_j,$$

$$1\leqslant i\leqslant n-k. \qquad (4.3.8)$$

对于 F_2^n 的每个 $r+1$ 维向量子空间 U，引

理 4.3.1(3)中定义的布尔函数 $f_U(x_0,\cdots,x_{m-1})$的次数$\leqslant n-r-1$,从而为一些 $h_1,\cdots,h_{n-k}$之和. 所以可以算出$(f_U,\boldsymbol{y})$来,它是相应的一些 $\alpha_1,\cdots,\alpha_{n-k}$之和,记成 α_U. 由于$(f_U,\boldsymbol{c})=0$,从而

$$\begin{aligned}\alpha_U &= (f_U,\boldsymbol{y}) = (f_U,\boldsymbol{\varepsilon}) \\ &= \sum_{i=0}^{n-1} f_U(v_i)\varepsilon_i = \sum_{\substack{i=0\\ v_i\in U}}^{n-1}\varepsilon_i. \quad (4.3.9)\end{aligned}$$

这就是说,对于$\begin{bmatrix} n \\ r+1 \end{bmatrix}$个 $r+1$ 维向量子空间的每个 U,都可算出$\sum\limits_{\substack{i=0\\ v_i\in U}}^{n-1}\varepsilon_i$ 的值 $\alpha_U(=(f_U,\boldsymbol{y}))$.

下一步考虑 F_2^n 中 r 维向量子空间 W. 由引理 4.3.1 知包含 W 的 $r+1$ 维向量子空间共有 $2^{n-r}-1$ 个,设它们为 $U_j(1\leqslant j\leqslant 2^{n-r}-1)$,则 U_j 是 W 和另一个陪集 $U'_j=\boldsymbol{a}+W$ 之并. 于是

$$\alpha_{U_j} = \sum_{v_i\in U_j}\varepsilon_i = \sum_{v_i\in W}\varepsilon_i + \sum_{v_i\in U'_j}\varepsilon_i, \quad 1\leqslant j\leqslant 2^{n-r}-1. \quad (4.3.10)$$

记 $\alpha_W=\sum\limits_{v_i\in W}\varepsilon_i$. 如果 $\alpha_W=0$,由于错位个数(即等于 1 的 ε_i 的个数)$\leqslant 2^{n-r-1}-1$,可知(4.3.10)的 $2^{n-r}-1$ 个等式右边为 1 的不超过 $2^{n-r-1}-1$ 个,即少于右边为 0 的等式个数. 若 $\alpha_W=\sum\limits_{v_i\in W}\varepsilon_i$

$=1$，则(4.3.10)中右边为 0 的等式个数$\leqslant 2^{n-r-1}-1$，从而右边为 1 的等式个数$\geqslant(2^{n-r}-1)-(2^{n-r-1}-1)=2^{n-r-1}$. 这样一来，只需看(4.3.10)中 $2^{n-r}-1$ 个等式左边已算出的 $\alpha_{v_j}(1\leqslant j\leqslant 2^{n-r}-1)$. 如果有多数是 1，则 $\alpha_W=1$；若多数为 0，则 $\alpha_W=0$. 用此方法可对 F_2^n 中每个 r 维向量子空间 W，都能算出 α_W 的值.

接下来考虑 F_2^n 的 $r-1$ 维子空间 S，F_2^n 中包含 S 的 r 维子空间有 $2^{n-r+1}-1$ 个，只需解出其中 $2^{n-r}-1$ 个这样的 r 维子空间 $W_j(1\leqslant j\leqslant 2^{n-r}-1)$，和前面一样的道理知若 $\alpha_{W_j}(1\leqslant j\leqslant 2^{n-r}-1)$中多数为 1，则 $\alpha_S=\sum\limits_{v_i\in S}\varepsilon_i=1$；若 $\alpha_{W_j}(1\leqslant j\leqslant 2^{n-r}-1)$中多数为 0，则 $x_S=0$. 于是对 F_2^n 的所有 $r-1$ 维向量子空间 S，都可算出 $\alpha_S\in F_2$.

这样继续下去，便可对于 F_2^n 的每个 1 维向量子空间 $L_j=\{v_0,v_j\}(1\leqslant j\leqslant 2^n-1)$，都可算出 $\alpha_{L_j}=\varepsilon_0+\varepsilon_j(1\leqslant j\leqslant 2^n-1)$. 这些数中若有超过一半为 1，则必然 $\varepsilon_0=1$，否则 $\varepsilon_0=0$. 然后所有其他 $\varepsilon_j=\alpha_{L_j}+\varepsilon_0$ 都可算出，从而完成了纠错译码.

上面的择多译码算法叙述起来较为复杂，但是所有向量子空间 U 中的点都可事先算好，然后将 $f_U(x_0,\cdots,x_{n-1})$求出，事先作好由 $\alpha_i(1\leqslant i\leqslant n$

$-k$)的线性组合计算 α_U 的线路和择多逻辑线路. 一旦收到 $\boldsymbol{y}$,将 $\boldsymbol{y}$ 输入到线路中,很快算出所有 $\varepsilon_j(0\leqslant j\leqslant 2^n-1)$的值. 在理论上 RM 码的参数并不十分理想,如它的码长只能是 2 的方幂,这是很大的限制. 目前 RM 码所以仍较广泛地使用,一个重要原因是择多译码算法比较实用.

习 题 4.3

1. 设 p 为素数. $0\leqslant r\leqslant n$. 证明

(1) F_p 上一个 n 维向量空间 V 中,r 维向量子空间的个数为

$$\begin{bmatrix} n \\ r \end{bmatrix}_p=\prod_{i=0}^{r-1}\left(\frac{p^n-p^i}{p^r-p^i}\right)=\prod_{i=0}^{r-1}\left(\frac{p^{n-i}-1}{p^{r-i}-1}\right).$$

(2) 设 $0\leqslant r<s\leqslant n$,$W$ 是 V 中一个固定的 r 维向量子空间,则 V 中包含 W 的 s 维向量子空间的个数为$\begin{bmatrix} n-r \\ s-r \end{bmatrix}_p$.

(3) 证明$\begin{bmatrix} n \\ r \end{bmatrix}_p=\begin{bmatrix} n \\ n-r \end{bmatrix}_p$,$\begin{bmatrix} n \\ r \end{bmatrix}_p=\dfrac{p^n-1}{p^r-1}\begin{bmatrix} n-1 \\ r-1 \end{bmatrix}_p$,$\begin{bmatrix} n+1 \\ r+1 \end{bmatrix}_p=\begin{bmatrix} n \\ r \end{bmatrix}_p+p^{r+1}\begin{bmatrix} n \\ r+1 \end{bmatrix}_p$,能给出这些等式的几何解释吗?

2. 设U是F_2^m中一个r维向量子空间. 证明由

$$f(\alpha_0,\cdots,\alpha_{m-1})=\begin{cases}1, & (\alpha_0,\cdots,\alpha_{m-1})\in U,\\ 0, & \text{否则},\end{cases}$$

定义的m元布尔函数$f(x_0,\cdots,x_{m-1})$的次数等于$m-r$.

结束语

但是数学享有盛誉还有另一个原因：正是数学给了各种精密自然科学一定程度的可靠性．没有数学，它们不可能获得这样的可靠性．

——爱因斯坦

(1) 以上介绍了数学在数学通信中是如何用来纠正错误以增加通信的可靠性的．首先把工程技术问题归结于正确的数学模型，给出准确的数学描述，归纳成关键的数学问题：构造好码和好的译码算法．在书中展示了利用组合方法和线性代数工具如何构造好的纠错码，并且充分利用这些好码的结构给出特定的实用译码算法．事实上，本书所介绍的内容，主要是纠错码理论前 20 年左右的工作(大约在 20 世纪 50 和 60 年代)．后来的进步则利用了更多的数学工具. 在线性码之后人们研究循环码,使用了近世代数(或叫抽象代数)工具,构造出 BCH 码和它的实用译码算法. 70 年代之后用代数几何工具给出性能更好的纠错码:代数几何码. 研究这些码的性质(如重量分布)和译码算法则需要高深的数论结果. 从 20 世纪 90 年代开始,人们把量子计算和量子通信中的纠错问题,从量子物理的机制归结成明确的数学问题. 这件事是由美国年轻计算机科学家肖尔(Peter Shor)于 1996 年做出的. 他在 1998 年柏林世界数学家大会上获得尼凡林纳奖,这是奖给 4 年内在数学应用领域最好的一位年轻人,和世界数学最高奖——菲尔兹奖同时颁发. 在近十年来,量子纠错码的研究得到快速的发展. (2002 年北京举行的世界数学家大会上,尼凡林纳奖授予麻省理工学院的苏丹(Sudan),他发明了一种纠错译法的概率方法,用来纠正信道发生$>\frac{d}{2}$位错的情形.)

纠错问题只是数学在通信中的应用之一. 在通信的许多方面都离不开数学. 例如密码学和信息安全领域,数学的应用是同样生动和精彩的故事. 在这里,数学新思想和新工具的引入曾引起信息安全体制的巨大变革. 反过来,技术领域所提出的新问题也为数学提供了新的生长点和活力. 数字通信技术特别使离散性的数学(如组合数学、数论和代数学)的研究更加丰富多彩.

历史上,数学与自然科学技术之间的互动有许多精彩的例子. 在17世纪,英国产业革命中机械和力学的发展需要研究各种变化现象和规律,这就产生了牛顿的微积分理论. 这种连续性数学理论后来用于解释电磁现象,一直发展成目前庞大的数学分析领域. 20世纪以来爱因斯坦(狭义和广义)相对论的建立,几何学(非欧几何和黎曼几何)是重要的数学工具,一直到最近,现代微分几何与量子物理的研究是密不可分的. 20世纪后半期数字通信的发展,则是与代数学联姻的结果. 在通信技术先进的国家,数论和代数已成为工程师们必备的数学工具.

(2) 关于理论和实际的关系、数学和工程的互动、学科如何交叉、创新人材的培养等,已经有许多漂亮而空泛的口号. 在这里,向大家介绍 RM 码发明人之一里德教授的个人研究经验,也许会有更为切实的启示. 作者感谢台湾义守大学张耀祖教授提供了里德教授的一篇讲演稿,以下内容取自这份讲稿:

里德和米勒(David Muller)是加州理工学

院的大学同学，在博士快毕业时里德才了解纠错码理论. 他还在海军技术学校学习过无线电和雷达等方面的电子学知识，博士毕业后他收到美国几所大学的数学教师职位，但他选择了去洛杉机的 Northrop 航空公司工作，主要原因是薪水比较丰厚. 另一个原因是该公司可以由加州理工学院和加州大学洛杉矶分校及时得到学术期刊，使他的桌上随时都可摆满要查阅的资料. 在那个年代，这种公司还为数不多.

1949 年，他看到戈莱(Marcel Golay)所写的一篇关于纠错码的文章，后来人们又把香农(Shannon) 1949 年登在贝尔公司技术杂志上的一篇文章给他看，这些文章当时并没有引起他的很大注意，因为他当时从事的工作是鲨鱼号巡航导弹的导航系统. 这项工作进展并不顺利，导弹点火系统总是滞后，落点不准. 但是在控制导弹的系统中采用了一种早期的数学计算机装置，由 Northrop 公司于 1949 年自行研制. 这使他对数字计算机和编码发生兴趣，转到麻省理工学院林肯实验室从事数字计算机的设计工作. 在此期间，香农也来到麻省理工学院研究计算机的数字逻辑系统，在工作中创建了他的计算和信息数学理论.

在第二次世界大战期间，里德曾作为雷达技术员在海军服役，他的工作是排除雷达线路的通信故障，要把逻辑电路尽量简化，设计更巧妙的算法. 在1952～1953年，他在林肯实验室作过计算机逻辑设计的讲座报告，其中，包括了编码理论方面的基本思想，这些思想来源于汉明于1950年在贝尔实验室技术杂志上发表的那篇著名文章.

不久以后，米勒把在伊利诺大学所写的一份报告给了里德，文章讨论计算机布尔逻辑和在编码中的应用. 米勒受到的训练是理论物理，但在数学方面也很内行，这可能跟他的基因有关：米勒的母亲是数学家，而父亲是发现基因的Hermann Muller，生物学诺贝尔奖的得主. 米勒的文章是很有原创思想的，但是里德在加州理工学院听过著名代数学家Dilworth教授的近世代数课，懂得域上多项式环的理论和有限域上的向量空间特性. 利用这些代数结构，里德给出一种二元线性纠错码，和米勒由布尔逻辑函数得到的结果一致，并且还给出择多译码方法. 这篇关于现在称之为RM码的文章于1953年首次登在林肯实验室技术报告里，题目叫做“一类纠多位错的码和它的译码算法”. 那时里德不知有何种期刊适合发表编码理论的新结果.技术报告在抽屉里放了一年.直到有一天,在麻省理工学院工程系工作的 Fano 教授得知此事,邀请里德到每周举行一次的信息理论讨论班上作报告,第二天他们又和学生进行了一天的讨论. Fano 还热情地邀请里德在 1954 年 9 月的信息论学术会议中报告 RM 码的成果,在会上里德见到了戈莱和香农.戈莱告知说读过他在贝尔实验室技术杂志的文章.至此,一个由精英组成的编码理论研究群体在美国形成,在这个群体里还有理论物理学家和电子工程师.

里德一直把学习近世代数作为他的一个业余爱好,他相信用抽象代数可以把 RM 码作进一步的推广,他研究了 19 世纪法国数学天才伽罗华的有限域理论.近百年来所有的数学家都认为有限域是精美的数学理论,但从未想过它有什么实际应用.里德认为可把有限域中元素作为信息的载体,他带着这种思考于 1958 年见到所罗门(G. Solomon).

所罗门是麻省理工学院学习纯粹代数学的研究生,博士毕业后在工程和物理实验室找不到合适的工作.有一天,所罗门来到里德办公室求职,里德向他讲述了有限域用于编码的想法,这些想法需要加以数学证明，然后把所罗门留下来合作研究，到1958年底便得到一系列完整的数学定理. 他们合写了5页纸的文章，题目为《某些有限域上的多项式码》，于1960年发表，这种多项式码今天称之为RS码.

一开始人们只把RS码看成是有趣的数学，并没有真正得到应用. 这是由于那时在通信中人们只用0和1作为信息符号，工程师们对于一般的有限域还不了解. 直到60年代中期人们还是使用RM码. 70年代开发了更高级的计算机和更有效的Berlekamp译码算法之后，RS多项式码在工业和商业电子通信中才得到广泛的应用.

(3) 最后顺便谈一点大学数学教育的问题. 要培养复合型和创新型的人才，但是就在数学内部，大学生所学到的是一些孤立的数学课程. 很少有机会让学生看到数学各分支的联系和应用，激发他们对数学的兴趣，深化对数学整体性的理解以及动手作一些有意义的数学问题. 本书作者从1977年起在中国科学技术大学数学系一年级第一学期设立初等数论课，2000年到清华大学教书后，也采取了同样的做法，用32学时讲述整数的整除性和同余性，也就是讲述欧拉和高斯是怎样作数学的. 费马的一系列猜测引起欧拉和高斯的兴趣,他们认为值得花时间对于整数作深入的研究,从而建立了初等数论,再伴随讲一点数论在信息安全中的应用,相当多的学生是有兴趣的. 学生在第一学期同时学到线性代数之后. 作者在一年级第二学期紧接着开设一个 16 学时的专题课——线性纠错码. 形式上是讲有限域上的线性代数,内容上讲通信中的纠错. 本书就是在这个专题课讲义的基础上写成的. 在初等数论学到的有限域 F_p 上作线性代数,使学生有新鲜感,这种风格上的变化或许更有助于他们对线性代数各种概念的理解和掌握. 他们还能感受到用矩阵演算可以纠错,用线性无关概念可以设计纠正多位错误的线性码,而且有许多组合特性的实际问题,大学生们可以思考和研究. 事实上,编码理论的不少结果都是学生或者刚出校门的学生作出来的. BCH 码的中间字母 C,就是印度籍的数学家 Chanduri,他当年是大学的研究生. 美国数学家 Robinson 为中学生作通俗数学讲座时,提出一个当时未解决的问题:参数为 $(n,k,d)=(16,256,6)$ 的二元码是否存在? 不久后,听讲的一位中学生 Nordstrom 利用巧妙的组合构思,给出了这样参数的非线性码,现在被称为 Nordstrom-Robinson 码. 为了对纠错码作进一步研究,需要学习更多的数学知识,这也可激发一些学生今后对学习近世代数等其他课程的兴趣.

以上对数学教育的一点议论和实践,仅供大家参考. 但有一点可以肯定,数学教育确实在很多方面都有可以改进的地方,而且只要有一点可以做的,就认真地做下去,不要停留在空泛的口号上.